QUE SAIS-JE?

Géographie de la France

PAUL CLAVAL
Professeur à l'Université de Paris-Sorbonne

Deuxième édition corrigée

10e mille

DU MÊME AUTEUR

Géographie générale des marchés, Paris, Les Belles Lettres, 1963, 362 p.
Essai sur l'évolution de la géographie humaine, Paris, Les Belles Lettres, 1964, 162 p. ; 2e éd. 1976.
(En collaboration avec Jean-Pierre Nardy), *Pour le cinquantenaire de la mort de Paul Vidal de La Blache,* Paris, Les Belles Lettres, 1968, 130 p.
Régions, nations, grands espaces. Géographie générale des marchés, Paris, Genin, 1968, 838 p.
Les relations internationales, Paris, SCODEL, 1970, 192 p.
(En collaboration avec Jean-Pierre Wieber), *La cartographie thématique comme méthode de recherche,* Paris, Les Belles Lettres, 1970, 188-125 p.
La pensée géographique, Paris, SEDES, 1972, 117 p.
Principes de géographie sociale, Paris, Genin & Litec, 1973, 352 p.
Eléments de géographie humaine, Paris, Genin & Litec, 1974, 412 p.
Eléments de géographie économique, Paris, Genin & Litec, 1976, 362 p.
La nouvelle géographie, Paris, PUF, 1977, 128 p.
Espace et pouvoir, Paris, PUF, 1978, 258 p.
Franche-Comté, Haute-Bourgogne, Paris, Flammarion, 1979, 328 p.
Les mythes fondateurs des sciences sociales, Paris, PUF, 1980, 262 p.
La logique des villes, Paris, Litec, 1981, 634 p.
(Direction), *Géographie historique des villes d'Europe occidentale,* Paris, Université de Paris-Sorbonne, 1982-1986, 200-256 p.
Géographie humaine et économique contemporaine, Paris, PUF, 1984, 442 p.
(Codirection avec Ron Johnston), *Geography since the Second World War,* Londres, 1984, 290 p.
La conquête de l'espace américain, Paris, Flammarion, 1990, 320 p.
(Direction), *Autour de Vidal de La Blache,* Paris, CNRS Editions, 1993, 159 p.
Initiation à la géographie régionale, Paris, Nathan, 1993, 288 p.
La géographie au temps de la chute des Murs, Paris, L'Harmattan, 1993, 322 p.

ISBN 2 13 045678 2

Dépôt légal — 1re édition : 1993
2e édition corrigée : 1995, janvier

INTRODUCTION

La France métropolitaine (seule étudiée ici) couvre 550 000 km^2 et compte 56,9 millions d'habitants. Dans le monde actuel, elle fait figure de pays moyen. Elle représente, en superficie, la 20e partie de l'Europe et un peu plus de la 300e du monde ; en population, 10 % de l'Europe, 1 % du monde. Son poids relatif était plus fort avant les transformations démographiques des deux derniers siècles.

La place qu'occupe la France sur la scène internationale est sans rapport avec son poids démographique. C'est une importante nation développée. Son revenu par habitant la situe parmi les 6 premiers pays du monde. Par sa production, elle occupe le 5e rang, et se trouve au 4e pour le commerce extérieur. Notre langue ne joue pas un rôle comparable à celui de l'anglais, mais le français garde une fonction internationale. Il est la langue maternelle de plus de 70 millions de personnes, et comme langue de culture et de communication, il sert à 100 millions d'individus.

Dans le monde actuel, la France est une nation de taille moyenne, mais son influence est loin d'être négligeable. Comment s'explique cette situation ?

La France se situe à l'extrémité occidentale de la péninsule de l'Ancien Monde que constitue l'Europe. Elle se trouve loin des foyers où la civilisation a le plus tôt fleuri, mais la Méditerranée et les mers du nord de l'Europe ont précocement permis de nouer des relations lointaines. La moitié septentrionale du pays s'ouvre sur les plaines de l'Europe du Nord et communique facilement avec les bassins danubiens, autres voies de cheminement des peuples et des cultures.

A l'aube des Temps modernes, les ports français ont largement participé à l'ouverture du monde. La France a fait partie, avec la Grande-Bretagne et les pays de la mer du Nord, du grand foyer économique qui a dominé la Terre entière plus de deux siècles. Des concurrences sont nées en Amérique du Nord et en Asie orientale, mais le rôle et le prestige des nations européennes, de la France en particulier, demeurent grands. Dans un monde où les relations aériennes jouent un rôle déterminant, la France, placée au centre de l'hémisphère où se trouve l'essentiel des terres émergées, bénéficie d'une situation avantageuse. Comme les pays voisins, elle est accessible de partout et jouit d'une excellente desserte.

De la Méditerranée aux mers du nord de l'Europe et à l'Atlantique, la France offre les passages les plus bas sur les distances les plus courtes. Le seuil du Lauraguais mène à l'Atlantique, les vallées du Rhône et de la Saône conduisent vers l'Atlantique par la Loire, vers la Manche par la Seine et vers la mer du Nord par la Meuse, la Moselle ou le Rhin. Les échanges ont précocement emprunté ces itinéraires et animé la vie urbaine. D'autres routes font aussi passer, hors du territoire français, du monde méditerranéen aux pays du Nord. De la plaine du Pô aux vallées du Rhin et du Danube, les cols alpins ouvrent des itinéraires courts, mais ardus. L'aménagement des accès au Saint-Gothard a renforcé, au XIIIe siècle, les avantages de cette voie. A la fin du Moyen Age, l'épine dorsale économique et urbaine du continent s'est ainsi construite de Milan en Flandre. C'est autour de ce même axe, du bassin de Londres à l'Italie du Nord, que s'est structuré le corridor industriel central de l'Europe au moment du grand essor économique du XIXe siècle. La France participe par ses régions du Nord et de l'Est à cette grande aire dynamique, mais la plus grande partie de son territoire se trouve sur ses marges, ou au-delà.

Les pays voisins de la France ont parfois des traditions nationales aussi longues que la nôtre, mais chez nous, l'Etat s'est développé plus tôt et a pesé davantage sur le destin national, l'économie et l'organisation de la vie de tous les jours. Les Français ont volontiers affiché une mentalité « hexagonale », faite d'un certain repliement, de la recherche d'une stabilité que la compétition trop vive des marchés internationaux menace et d'un besoin de sécurité qui depuis Vauban pousse le pays à s'isoler de ses voisins par des lignes fortifiées, ou, actuellement, par la possession d'une arme de dissuasion capable de décourager tous les agresseurs. Son économie s'est développée dans le cadre d'un espace métropolitain ou impérial soigneusement protégé par des interdictions ou des droits de douane. L'épisode du libre-échange, inauguré par Napoléon III, a été relativement court. L'évolution actuelle met ces habitudes de penser et de faire à rude épreuve

L'Europe s'est beaucoup transformée depuis le traité de Rome (1958) qui a donné naissance à la Communauté économique européenne (CEE). Paris a cessé d'être le centre unique des décisions politiques qui affectent l'espace national : la part qui revient à Bruxelles est considérable et sera plus forte encore avec le traité de Maastricht. C'est au sein d'un espace de libre circulation et de compétition de 345 millions de personnes que les produits français trouvent leurs débouchés les plus faciles. Cela constitue un atout pour les entreprises — mais celles-ci doivent résister à une compétition souvent féroce. De manière plus générale, l'abaissement des protections douanières qui résulte des négociations menées depuis 1948 dans le cadre du GATT (Accord général sur les tarifs douaniers et le commerce), les facilités offertes par les transports aériens aussi bien que l'essor des télécommunications et des ordinateurs qui leur sont souvent couplés ont rapetissé la planète et conduit à la mondialisation des échanges. Ce n'est plus seulement aux producteurs britanniques, italiens ou allemands qu'il faut se mesurer, mais à ceux des Etats-Unis, du Japon, des nouveaux dragons de l'Asie du Sud-Est, et demain, de la Chine continentale, de l'Afrique et de l'Amérique méridionale. Dans l'ensemble européen, la France apparaît comme un espace fascinant et relativement vide. La libre circulation à l'intérieur de la Communauté et la venue de populations de l'Europe de l'Est ou de l'Afrique misérable et surpeuplée rendent difficile le contrôle de l'immigration.

Un pays comme la France est fait d'un assemblage de milieux divers. Ceux-ci se sont fondus au sein d'un espace économique qui a longtemps fonctionné comme un tout à l'intérieur des frontières et s'intègre aujourd'hui dans des cadres élargis. La France est une nation, ce qui veut dire qu'elle est création sociale. Les Français la réinterprètent et la réinstituent périodiquement. A un moment où toutes les formations territoriales sont soumises à des forces qui tendent à les dissoudre ou à modifier leur consistance et leurs assises, il est essentiel de comprendre quand, comment et pourquoi notre pays s'est constitué, et comment il a été pensé et remodelé par les générations successives.

Chapitre I

LA FORMATION DE LA FRANCE

Les grandes lignes du relief et les possibilités qu'il offrait à la vie agricole et aux communications ont favorisé, dans cette zone d'isthmes ouverts aux échanges, la construction d'un espace national solidement structuré. D'autres possibilités existaient cependant. La constitution, à partir de territoires et de peuples divers, d'un ensemble cohérent est un produit de l'histoire.

I. — Les articulations du relief

Les formes et l'amplitude du relief varient beaucoup d'une région à l'autre (fig. 1). Deux ensembles se distinguent surtout.

1. Au nord d'une ligne qui court de Bayonne à Givet, les altitudes sont toujours modérées. Selon les secteurs, des plaines, des étendues vallonnées, des collines molles ou redressées en coteaux, des plateaux aux formes plus ou moins rigides se succèdent. Des talus introduisent par endroits un thème plus vigoureux.

Des surfaces aux formes lourdes et surbaissées dominent d'étroites vallées nettement incisées dans l'Ouest armoricain et les plateaux du Limousin ou de l'Ardenne. Le nord et l'ouest du Bassin parisien sont également faits de plateaux, mais leur surface est moins rigide et les vallées qui les traversent ont souvent

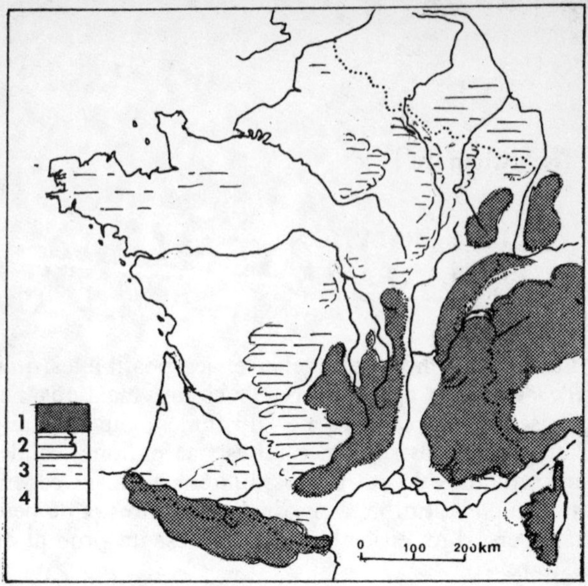

Fig. 1. — Le relief de la France

1. Régions montagneuses ; 2. Plateaux ; 3. Collines ; 4. Plaines

une belle ampleur. Au pied des collines de l'Artois, la plaine flamande ouvre le passage vers la Belgique, les Pays-Bas et la mer du Nord. Dans l'est du Bassin parisien, des talus de côtes viennent rompre la monotonie de plateaux souvent sévères, de dépressions élargies et de basses collines. Des dénivelées d'ampleur plus faible et des horizons infinis signalent le sud du Bassin parisien et le Centre-Ouest. Le Bassin aquitain juxtapose à la monotone plaine des Landes les coteaux de ses pays de serres et les ondulations molles de ses terreforts. Les collines et les tables calcaires très disséquées des Causses, du Périgord et de l'Angoumois leur font suite à l'est et au nord-est.

Le littoral présente une séquence de falaises (dans la craie picarde ou normande ou dans les roches anciennes du Massif armoricain), de cordons dunaires et de marais installés au fond des golfes en voie de comblement ou le long des rias.

2. La moitié sud-est de la France est un pays de relief vigoureux. Le Bassin parisien s'y avance en golfe entre le Massif ardennais, les Vosges et le Jura. Ailleurs, les plaines s'inscrivent en bassins dans des fossés logés entre des reliefs montagneux : l'Alsace entre les Vosges et la forêt Noire, les plaines de la Saône et du Rhône entre le rebord surhaussé du Massif central et les chaînes du Jura et des Alpes, le Forez et les Limagnes au cœur des blocs de plateaux et de volcans du Massif central. Dans le Midi méditerranéen, l'horizon des régions basses est toujours encadré au loin par les sommets des Alpes, du Massif central ou des Pyrénées, et plus près, par les multiples chaînons qui barrent les dépressions, ou par le rebord des piédmonts rocheux qui s'intercalent entre les plaines et les massifs montagneux.

Les plateaux entaillés par des vallées ou des gorges vigoureuses constituent le thème majeur du Massif central, de l'Ardenne, des Vosges du Nord et dans une moindre mesure du Jura. La partie orientale de celui-ci, les Vosges du Sud, certaines sommets du Massif central, les Pyrénées et les Alpes offrent un tout autre paysage : des crêtes enlevées modelées en cirques et de larges vallées vigoureusement incisées rappellent qu'ici, les formes sont relativement jeunes et qu'elles portent la marque des glaciers. Les Alpes, plus hautes, plus enneigées, aux cimes plus hardies (que l'on pense au Massif du Mont-Blanc ou à celui du Pelvoux !) et plus englacées au quaternaire, présentent une structure qui met mieux en valeur les articulations longitudinales. Le sillon alpin et le Grésivaudan y séparent les Préalpes des massifs centraux. Elles offrent un réseau de vallées plus larges et qui communiquent par des cols plus bas que ce n'est le cas dans les Pyrénées, pourtant moins élevées.

3. Le relief joue un rôle important dans la vie humaine. Les zones de plaines, de collines ou de plateaux se prêtent à la mise en valeur agricole toutes les fois que les avantages de pentes modérées ne sont pas gâchés par la stérilité des sols ou le mauvais écoulement des eaux — ce qui arrive rarement en France. La vie de relation est facile. Dans la France du Nord, la convergence des vallées et la régularité des plateaux secs où l'on circule bien ont favorisé l'émergence du foyer parisien. Les hautes terres du Massif central n'ont pas empêché la formation de l'unité française, car elles sont entourées de plaines et de bassins reliés par les seuils du Poitou, du Lauraguais et de Bourgogne.

Il faut se méfier des interprétations trop simples. Tant que les transports se sont faits à dos d'hommes ou d'animaux, les dénivellations ne gênaient pas trop les relations commerciales. Dans les plaines, les sols lourds, les marécages et certaines zones forestières rendaient souvent les communications malaisées. La royauté a dominé plus précocement l'Auvergne que la vallée de la Saône et du Rhône, ou l'Aquitaine.

II. — La création de la France

La France est une création de l'histoire. Son nom rappelle ce que le pays doit aux tribus franques qui envahirent ses régions du Nord et de l'Est au ve siècle de notre ère. Installées sur le Rhin, elles avaient fourni à Rome, depuis plus d'un siècle, une partie des auxiliaires nécessaires à la défense du *limes* germanique. Ces soutiens de l'Empire se transformèrent un jour en envahisseurs, mais leur familiarité avec la civilisation romaine était telle qu'ils avaient le sentiment et la volonté de sauver ce qui avait fait sa grandeur. Les Burgondes et les Wisigoths avaient été, eux aussi, imprégnés par la civilisation romaine aux marges de l'Empire. Ils se partagèrent avec les Francs les territoires conquis sur la Gaule romaine. Les royaumes burgonde et wisigoth, moins solides, tombèrent sous l'autorité des Francs. Le baptême de Clovis assurait au roi de France le soutien de l'Eglise, héritière du système administratif romain (fig. 2).

L'idée impériale avait si profondément marqué les Francs que Charlemagne décida de ressusciter l'Empire. Son autorité s'exerçait sur la totalité de la Gaule, sur une étroite frange ibérique reconquise sur les Arabes au sud des Pyrénées, sur l'Italie du Nord et sur la Germanie élargie vers l'est par la victoire sur les Saxons. La France provient du partage de cet Empire qu'effectuèrent en 843, à Verdun, les fils de Louis le Pieux. La recons-

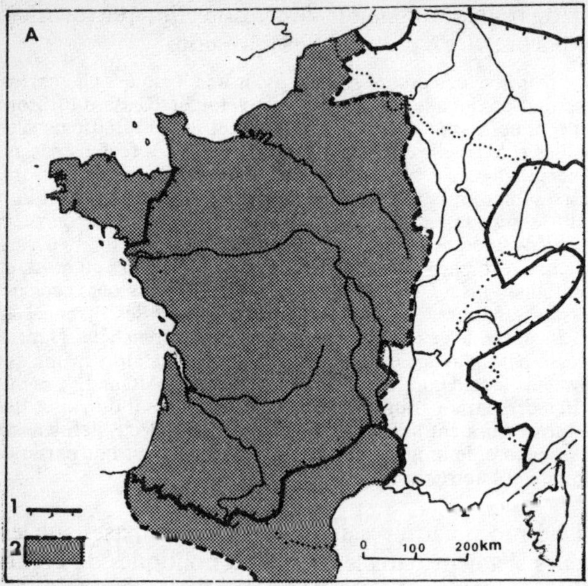

Fig. 2. — Le Royaume franc

1. De Clovis et de ses successeurs mérovingiens ; 2. Après le traité de Verdun (843)

truction menée par Charlemagne était fragile et ses successeurs n'avaient pas les moyens d'imposer leur autorité dans un espace aussi vaste. En faisant (voir fig. 2 ci-dessus) une part pour les terres à l'ouest des quatre rivières (Rhône, Saône, Meuse et Escaut), une part pour la bande centrale, qui reçut son nom de Lothaire, et une part pour la partie romaine et germanique à l'est, les trois frères reconnaissaient les limites de leur puissance et séparaient, après quatre siècles de destin en partie commun, l'histoire des pays germaniques de celle des populations qui allaient former le peuple français. L'emploi des langues vulgaires dans la rédaction du traité soulignait la dimension ethnique (on n'ose pas encore dire nationale) de la division.

La frontière des quatre rivières avait une logique : elle correspondait à un des axes où la circulation était active dans l'Europe de l'époque, et permettait à la France et à la Lotharingie d'en bénéficier. Mais elle créait une coupure entre des régions parlant la même langue, si bien que le sort de la bande médiane, à travers ses divisions successives, les formations politiques qui y virent le jour, et les ambitions de ses voisins, n'a cessé de peser sur le Royaume de France.

Le nouvel espace débordait des frontières actuelles au nord, en pays flamand. La France d'alors couvrait les deux tiers occidentaux du territoire actuel et dépassait légèrement les Pyrénées au sud. Les liens avec cette dernière zone s'effacèrent vite. Dans le reste du pays, l'image du Royaume resta vivante alors même que le système féodal conduisait à la pulvérisation. A Gand, le comte de Flandre parlait français parce qu'il était vassal du roi et que ses terres faisaient partie du Royaume. Au siècle dernier, on savait encore, le long du Rhône, qu'une rive avait fait partie de l'Empire et l'autre du Royaume.

La France naquit à un moment où les bases sur lesquelles s'étaient bâtis les systèmes politiques de l'Antiquité et du haut Moyen Age s'effondraient. Il fallait désormais disposer d'hommes armés sur le terrain, près des paysans, pour les protéger et les exploiter. Le pouvoir glissait vers ceux qui mettaient en place, au niveau local, dans les campagnes, le nouvel encadrement féodal. La société s'effritait. L'Eglise fut la seule organisation qui parvint à survivre. Le Royaume faillit succomber, mais le roi sacré restait le dépositaire de l'autorité suprême. Les féodaux qui s'étaient arrogé la réalité du pouvoir étaient les premiers à le reconnaître. Les forces locales pesaient cependant si lourd que la menace d'éclatement était réelle. Des facteurs de restructuration étaient heureusement à l'œuvre.

Le travail de réorganisation territoriale qui s'effectua sous l'autorité de mieux en mieux assise des Capétiens, à partir du XIe siècle, marque encore la vie de nos provinces. L'encadrement des populations rurales se fit plus proche, plus efficace. Les terres furent prises dans le réseau des seigneuries. Les conflits étaient tranchés près du lieu où ils avaient éclaté. La restructuration politique aboutit assez vite à la constitution d'unités plus vastes, qui se moulèrent souvent dans les limites des évêchés. Les frontières de ceux-ci perpétuaient en bien des lieux celles des diocèses du Bas-Empire, mais certaines avaient été effacées ou fortement remaniées. Qu'en fut-il au sud de la Garonne, au Pays Basque en particulier ? On le sait mal. En Bretagne, où l'évolution est mieux connue, la migration des Bretons vers l'Armorique, au VIe siècle, ressuscita les parlers celtes et aboutit, sur le littoral nord, à la disparition des circonscriptions religieuses du Bas-Empire. A l'est, la réorganisation territoriale fut profonde dans les terres où les migrations germaniques avaient renouvelé le peuplement, en Flandre et en Alsace, mais aussi en Lorraine et Bourgogne. Dans quelques régions, les villes imposaient déjà leur marque : l'Aquitaine, devenue Guyenne, se confondait avec l'espace dominé par Bordeaux. Lyon, située à la limite de plusieurs cités gallo-romaines, se créait progressivement une zone d'influence.

Dans les conditions qui prévalaient du Xe au XIIIe siècle, certaines constructions territoriales plus vastes furent ébauchées. La conquête normande avait créé, de part et d'autre de la Manche, un Etat dont la longévité prouve qu'il n'était pas totalement artificiel. Les relations à travers la Manche étaient assez faciles pour que Guillaume le Conquérant et ses successeurs puissent administrer de Londres la Normandie, l'Anjou plus tard, et avec le mariage Plantagenêt d'Aliénor, l'Aquitaine. Le roi d'Angleterre était toujours vassal du roi de France pour ses possessions françaises, mais quel était le poids de cette sujétion lorsque la puissance du premier se révélait plus forte ?

La Bretagne faisait partie de la France, mais avait conscience de ses spécificités, si bien que le duché finit par avoir une politique quasi indépendante. A l'époque où l'Atlantique commençait à être davantage fréquenté, le rôle que tenait cette province sur une des routes clefs des relations internationales lui donnait du poids.

Dans le Midi, les comtes de Barcelone avaient noué des liens privilégiés avec le Languedoc, où Montpellier fut un temps leur tête de pont, et avec la Provence. Une thalassocratie s'ébauchait, dont la croisade des Albigeois interrompit l'évolution.

Malgré bien des convoitises et des menaces, la France ne disparut pas, mais resta longtemps davantage une idée qu'une réalité. Le pays était fort d'une population exceptionnellement nombreuse pour l'époque. Les Francs avaient dominé par leurs effectifs les Croisades. Des dynasties de souche française se fondèrent là-bas. Le français était utilisé comme langue de communication internationale. La dualité des parlers de langue d'oïl et de langue d'oc ne suscitait pas de sentiments d'appartenance qui s'excluent. Sous l'impulsion de légistes souvent issus du Midi, la dynastie capétienne travaillait à réunir et intégrer un pays qui s'était pulvérisé.

Dans quels milieux l'idée de France était-elle présente ? Chez les féodaux d'abord, car ils se savaient vassaux du roi. Elle était plus ardente et novatrice dans l'étroit cénacle où se décidait alors la politique du Royaume. Mais en dehors de ces élites, quels groupes se sentaient-ils concernés ? La langue et des entreprises comme les croisades avaient précocement fait partager à des groupes déjà nombreux le sentiment que la France constituait une communauté. La population rurale participait-elle à cette prise de conscience ? Après la longue épreuve de la guerre de Cent Ans, sans doute. L'histoire de Jeanne d'Arc en témoigne. Mais ce qui était vrai du Barrois l'était-il d'autres régions ? desquelles ? Quelle proportion de Français était-elle acquise à la solidarité nationale naissante ? On ne le sait pas : Eugen Weber a montré que l'obéissance à l'Etat français ainsi peut-être que le sentiment national ne s'étaient imposés — et dans certaines régions, développés — que dans les dernières décennies du XIXe siècle.

La monarchie a joué un rôle décisif dans l'unification du pays. On oublie souvent la part qu'a prise Paris, et le rôle qu'ont tenu les institutions parisiennes, dans la construction de l'Etat français. Tant que la monarchie restait féodale, elle n'avait pas besoin d'un siège fixe. Les choses changèrent lorsque l'Etat de justice et de finances se mit en place. Il y eut désormais un corps permanent d'institutions trop lourdes pour être déplacées. Au XIIIe siècle, Paris rayonnait autant par ses fonctions religieuses et théologiques, illustrées par la Sorbonne, que comme siège de la Monarchie, mais le Parlement de Paris introduisit bientôt un processus irréversible. En devenant l'instance d'appel pour un ressort progressivement élargi jusqu'à La Rochelle, la région lyonnaise et Dunkerque, la ville accrut la cohérence du pays, mais priva les autres centres d'une partie des fonctions de commandement qui auraient pu en faire des villes de première grandeur. Paris et le désert français ? Les racines en sont médiévales.

La précocité de la construction nationale française ne doit pas faire oublier que d'autres systèmes d'organisation territoriale étaient concevables et que certains ont été ébauchés. Le triomphe de la solution que nous connaissons tenait sans doute pour une part aux articulations d'un relief qui facilitait le rassemblement des terres, et à l'homogénéité relative du peuplement. La France retrouvait, à la fin du Moyen Age, certaines des limites de l'ancienne Gaule. Que deux constructions territoriales bâties sur des principes différents à plus d'un millénaire de distance coïncident aussi largement ne tient pas au hasard. Le poids du passé gaulois et gallo-romain a facilité la constitution de l'unité française.

III. — L'antécédent gaulois

Notre connaissance de l'histoire de la Gaule préromaine demeure incomplète, et *La guerre des Gaules,* le document essentiel dont nous disposons, est de la plume du vainqueur. Les Celtes peuplaient, au moment de la conquête, un espace qui s'étendait de l'Irlande à l'Europe centrale, de l'Espagne aux bouches du Rhin. La puissance de ces peuples appartenait déjà au passé, comme en témoignaient leurs reculs. Ils avaient abandonné la Bohême et l'essentiel de la Germanie. En Italie du Nord, les Romains avaient durement traité les Gaulois de Cisalpine.

La Gaule était loin d'être homogène (fig. 3) et abritait des peuples non indo-européens. Les Celtes étaient arrivés en vagues successives. Une ligne qui courait un peu au nord de la Seine délimitait la Belgique. Celle-ci avait été occupée trois siècles avant notre ère par la dernière poussée celte, sans doute déjà mêlée de Germains. Ces peuples avaient également assis leur domination sur l'Angleterre du Sud-Est.

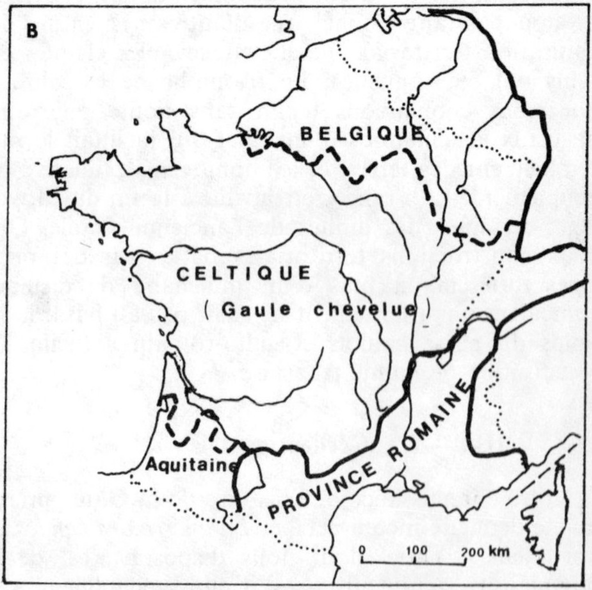

Fig. 3. — La Gaule au temps de Jules César

La Gaule chevelue ou Celtique était totalement celtisée. C'est là que le modèle tribal, ses institutions, et les aristocraties qui contrôlaient la terre trouvaient leur expression la plus classique. La conquête romaine avait créé à la fin du IIe siècle av. J.-C. la Narbonnaise, où les Gaulois dominaient, mais se mêlaient à des peuples plus anciens, les Ligures à l'est, dans les Alpes méridionales, les Ibères à l'ouest. En Aquitaine, la situation paraissait plus confuse. Au lieu de territoires tribaux étendus et déjà bien structurés, les Romains se trouvèrent confrontés, au sud de la Garonne, à une poussière de peuples. Pour constituer une cité de dimension normale, ils durent en unir 9 (la Novempopulanie) ! Cela révèle la présence, dans ces terres aujourd'hui gasconnes, d'institutions et de groupes différents. La celtisation y restait incomplète.

A l'intérieur du monde celte, il n'y avait pas de solidarité globale, mais en Gaule une assemblée religieuse réunissait régulièrement les représentants de toutes les tribus (sans les Belges, mais avec sans doute les Bretons) dans la forêt des Carnutes, près de Chartres. Entre les Pyrénées, les Alpes, la Manche et peut-être le Rhin, les Gaulois avaient le sentiment de former un tout. On était cependant loin d'institutions politiques capables de fédérer ces groupes turbulents.

Les Romains firent de la Gaule qu'ils venaient de conquérir une des unités constituantes de leur Empire. Ils figèrent ainsi les limites territoriales qui existaient au moment où ils prirent en main le pays. Elles auraient sans cela continué à évoluer.

Rome transforma les tribus gauloises en cités. Dans la Gaule chevelue, la plupart des limites tribales étaient déjà en place depuis deux ou trois siècles, ce qui traduisait l'enracinement des populations et une certaine stabilisation des formations politiques. Celle-ci fut renforcée par la décision romaine. Les contours des grandes provinces regroupant les cités se modifièrent, mais les cités restèrent en place et conservèrent leurs limites. Au moment où l'Empire devint chrétien, sous Constantin, l'Eglise adopta pour ses évêchés la division en cités, qui s'appelaient alors diocèses. Ces cadres survécurent donc lorsque les institutions militaires et politiques s'effondrèrent, au Vᵉ siècle.

L'organisation territoriale sur laquelle se greffa, en beaucoup de régions, le royaume Franc avait déjà derrière elle une longue histoire. Celui-ci respecta les limites que les tribus gauloises avaient mises en place sept ou huit siècles plus tôt. Elles subsistent aujourd'hui dans une grande partie de la France moyenne.

La dernière vague de la pénétration celte avait affecté la moitié septentrionale du Bassin parisien et y avait laissé une coupure encore vivante au moment de la conquête romaine et dans les siècles qui suivirent. La frontière entre Celtique et Belgique resta une limite administrative importante au moment de la réforme de Dioclétien. Une telle division, trop proche de la Seine, ne permettait pas de tirer parti des avantages de circulation qu'offre le Bassin parisien et limitait l'intérêt de la convergence facile des voies vers Paris. Lutèce resta durant l'époque romaine une ville secondaire à cause de sa position marginale dans le dispositif administratif. Lorsque l'instabilité s'installa sur la frontière du Rhin, les atouts qu'elle possédait furent pleinement reconnus par l'empereur Julien, qui en fit son lieu de séjour. Mais cela ne lui valut pas de promotion majeure. L'archevêché dont dépendait Paris garda jusqu'au XVIIIᵉ siècle son siège à Sens, capitale dans l'Antiquité de la quatrième Lyonnaise. La dualité de la France du Nord était encore sensible lorsque la monarchie franque s'institutionnalisa. Paris fut une des capitales d'où elle exerça le pouvoir, mais c'est à Reims, la métropole religieuse de la Belgique puis de la première Germanie, que le sacre avait lieu.

Les Romains comprirent vite les atouts économiques de la France du Nord, mais aucune ville n'y possédait encore de centralité élevée. Les préoccupations stratégiques favorisaient un lieu de commandement proche des cols par où les légions franchissaient les Alpes, et assez à l'est pour que le *limes* du Rhin soit aisément accessible : Lyon fut choisie comme capitale des Gaules. Le culte de Rome et d'Auguste en fit le foyer de la vie religieuse commune. Lorsque le christianisme fut reconnu religion officielle, Lyon devint naturellement la résidence du Primat des Gaules — titre que porte toujours l'archevêque de Lyon.

Le réseau des routes que les Romains mirent en place rayonnait de Lyon vers le *limes* rhénan, Boulogne et la Bretagne, et les diverses cités. Ses fonctions étaient militaires et politiques plus que commerciales, mais ces voies finirent par faire de Lyon une métropole économique à l'échelle de la Gaule. La Saône était navigable, le Rhône l'était également quoique dans de moins bonnes conditions. Cela comptait dans le monde traditionnel. La primauté économique de Lyon subsista longtemps. Les voies romaines demeurèrent, jusqu'à la Renaissance, les seuls itinéraires aménagés. Au XVIe siècle, Lyon était la grande place financière et économique du Royaume. La proximité de l'Italie et le réseau de liaisons anciennes avec les riches cités de la plaine du Pô jouaient un rôle essentiel, comme la facilité des communications avec l'Allemagne rhénane. Lorsque la Monarchie à court d'argent négociait un emprunt, c'est à Lyon qu'elle trouvait les banquiers.

La France ne remonte pas à l'Antiquité, mais l'héritage gaulois et gallo-romain a pesé d'un poids décisif sur son évolution. Peut-on lire, dans certains traits persistants de sa géographie, des influences plus anciennes ? Oui, dans la mesure où le fonds de population que la révolution néolithique a mis en place est sans doute resté une des composantes importantes de son peuplement. Oui, parce que les vieux courants d'influence qui ont modelé notre culture restent sensibles dans certaines distributions. Les innovations véhiculées le long de la voie danubienne ont surtout marqué la France du Nord-Est, cependant que d'autres courants affectaient les façades méditerranéennes et océaniques du pays. L'origine de la plupart des traits de la civilisation « traditionnelle » ne peut cependant pas être attribuée à des influences aussi anciennes. La relative homogénéité du peuplement et l'unification linguistique presque complète issue de la celtisation ont facilité la formation de la conscience gauloise dont on saisit certaines manifestations au moment de la conquête romaine. Elles ont en ce sens préparé la voie à la constitution d'un peuple français.

IV. — La construction de la France moderne

L'idée de France s'impose aux élites et à une part déjà importante de la population française à la fin du Moyen Age, mais la construction du pays est loin d'être achevée. L'époque où d'autres formules d'organisation territoriale pouvaient être essayées est révolue. La France est cependant un assemblage trop divers pour ne pas connaître des tendances centrifuges. Cela pouvait inciter certaines parties du royaume, la Bretagne par exemple, à s'en détacher. Au XVe siècle, elle était consciente de son originalité, mais le mariage d'Anne de Bretagne l'intègre définitivement au domaine royal.

Une série de questions se posent à ceux qui, à l'époque de la Renaissance, réfléchissent sur l'Etat, le prince et le bon gouvernement.

1. La France unit des populations dont les parlers diffèrent, dont l'histoire a souvent divergé, et dont les intérêts économiques ne sont pas les mêmes. Un tel Etat remplit-il une fonction nécessaire ?

Ce problème agite les milieux intellectuels de la Renaissance. L'honneur national souffre de l'avance prise par l'Italie dans le domaine des lettres et des arts. Un fort sentiment de l'identité française court dans la littérature. Il est présent dans les travaux de l'école de l'Histoire parfaite, à la fin du XVIe siècle. Ceux qui l'animent essaient de trouver à la nation française des lettres de noblesse qui l'égalent à l'Italie. Ils ont tendance à la vieillir. L'idée n'est pas neuve, puisqu'elle avait conduit à rattacher, par l'intermédiaire de Pharamond, l'histoire des Francs et de la France au cycle de la guerre de Troie. Mais les tenants de l'Histoire parfaite ne croient pas aux mythes. C'est des ancêtres gaulois qu'ils partent pour ancrer dans un passé vénérable la naissance de notre pays.

En se reportant ainsi à une époque où l'unité linguistique et ethnique était réelle (ou supposée telle), les siècles de différenciation médiévale sont évacués. Les Gaules de la Conquête constituaient un ensemble cohérent. Rien ne s'oppose à ce qu'un tel état soit retrouvé. La France est vécue comme une unité perdue, que le futur ressuscitera. Le pays existe plus par les missions dont il se sent porteur que comme une réalité déjà présente, de nature ethnique ou linguistique. La nation vit dans une tension qui pousse ses élites à œuvrer pour des principes universels, et à revendiquer, selon les époques, la première place dans le domaine de la foi chrétienne, des œuvres de l'esprit, ou de la liberté, de l'égalité et de la fraternité. La France gêne parce qu'elle ne peut connaître le repos. Elle n'existe que parce qu'elle est à la poursuite d'un monde meilleur. Celui-ci ne commence à effleurer qu'en un point, là où le pouvoir pèse le plus sur la société qui se constitue — à Paris, et dans une certaine mesure à Versailles à l'époque de Louis XIV. La Révolution ne change rien à l'idée que la France a une mission à accomplir — Ernest Renan en est le témoin, pour qui elle est une création de l'esprit. Et le fait que le cycle de la Révolution se soit déroulé pour l'essentiel à Paris renforce le statut d'exception dont jouit la capitale.

L'idée que le prestige d'une nation tient à l'éclat qu'y revêtent les lettres, les sciences et les arts se répand aux XVIe et XVIIe siècles dans toute l'Europe à partir de Florence et de Rome où elle a germé. La France participe au mouvement, mais il a chez elle des résonances qu'on ne trouve pas ailleurs. Si le pays a une mission, il doit s'offrir au monde en modèle. Les succès de la langue et de la littérature françaises ne sont pas considérés comme une illustration utile, mais un peu gratuite, du génie national. Ils témoignent de ce que la France peut apporter au reste du monde. Peu importe que le français ne soit couramment parlé que par un peu plus de la moitié des Français à l'époque de Louis XIV. La France que l'on travaille à instituer se confond avec la culture française. Elle accorde un prix considérable à tous les aspects du rayonnement intellectuel.

2. Les limites du royaume suscitent d'autres interrogations. Le tracé de la frontière de l'Est, encore très largement fondé sur la ligne des quatre rivières, laisse subsister de larges zones francophones hors des frontières du Royaume. L'Empire s'effrite. Où doit s'arrêter l'expansion de la France dans cette direction ?

La référence à la Gaule introduit, dans la recherche des frontières de l'Est, le thème du Rhin. La monarchie française hésite, à la Renaissance, sur la direction à choisir pour son expansion. L'Italie la tente, et l'implantation française dans certaines places piémontaises dure déjà depuis un demi-siècle lorsque le traité de Cateau-Cambrésis tire un trait, au nom de la Contre-Réforme, sur les ambitions italiennes, et réoriente la France vers l'est. Deux siècles durant, l'expansion se poursuit dans cette direction, jusqu'à ce qu'une ligne d'équilibre jugée satisfaisante du point de vue national s'impose après le rattachement de la Lorraine à la France. Que le traité de Vienne (1815) reprenne pour l'essentiel les tracés antérieurs à la Révolution montre que les frontières du pays sont désormais acceptées à la fois par les Français et par le concert des nations européennes. L'annexion de la Corse résulte d'un hasard. Le rattachement de la Savoie et du comté de Nice est la conséquence de l'unité italienne.

3. Le royaume manque de consistance économique. Qu'il ne forme pas encore un espace économique unifié ne surprend pas — la vie de relation demeure trop exclusivement locale ou régionale pour qu'il en aille autrement — mais une grande monarchie ne peut demeurer indifférente à la production des richesses, au commerce, à la monnaie et au risque de raréfaction des métaux précieux lié à l'importation des objets de luxe.

L'unification économique de l'espace national demande une action énergique. Elle donne à l'administration une mission à remplir à l'intérieur des frontières, de la même façon que la nation française a, vis-à-vis du monde, un témoignage à porter. La place de l'Etat dans la vie et la culture françaises vient de là. Le départ est pris avec Richelieu. Colbert complète son œuvre administrative et prend les mesures essentielles dans le domaine de l'économie, des manufactures, du commerce et de l'expansion coloniale. L'administration française se sent désormais responsable de la réussite économique du pays. Elle est toujours prête à intervenir, à aider les nationaux à développer leurs activités exportatrices, et à les protéger de toute concurrence jugée déloyale. Le libéralisme ne connaît en France que des triomphes éphémères.

Chapitre II

LA FRANCE COMME CADRE DE VIE. MILIEUX ET ENVIRONNEMENT

Ce morceau de territoire, découpé pas tout à fait par hasard à l'ouest de l'Europe, constitue le support écologique de la nation française — la terre nourricière et le cadre des activités multiples des générations qui se sont succédé.

I. — Les paysages végétaux et le climat

Le service de la carte de la végétation a couvert la France de superbes cartes à l'échelle du 1/200 000. La précision de l'enquête et le choix judicieux des couleurs font de ces cartes un document remarquable pour repérer et sentir la nature et la diversité des milieux, la mosaïque des petites régions naturelles, des « pays ».

Les auteurs ont présenté sur des cartons annexes la végétation naturelle et ses nuances plus humides et plus sèches du Nord au Midi. Sur tout l'ouest et le nord de la France, les mêmes teintes dominent. Nous sommes dans une zone humide et relativement fraîche. Dans le sud-est du pays, les contrastes sont éclatants. Cela tient au relief et au jeu des influences continentales et méditerranéennes.

Les êtres vivants s'inscrivent dans un cadre dont ils tirent ce qui est nécessaire à leur métabolisme. Ils y rejettent les produits qui en sont issus. Il faut savoir lire, derrière les formations végétales, les conditions dans lesquelles fonctionnent les milieux.

Pour les végétaux, la radiation solaire (fig. 4), qui rend possible l'assimilation chlorophyllienne, est le facteur clef, mais les précipitations sans lesquelles la sève ne pourrait monter sont également importantes. La nébulosité des régions de l'Ouest et la fraîcheur de leurs températures expliquent que la productivité des formations végétales y soit inférieure, durant la belle saison, à celle des régions plus continentales — mais la douceur de l'hiver assure une période de croissance plus longue (jusqu'à onze mois, contre sept dans l'Est). Les régions méditerranéennes sont particulièrement ensoleillées, mais elles souffrent de sécheresse l'été. Les périodes de

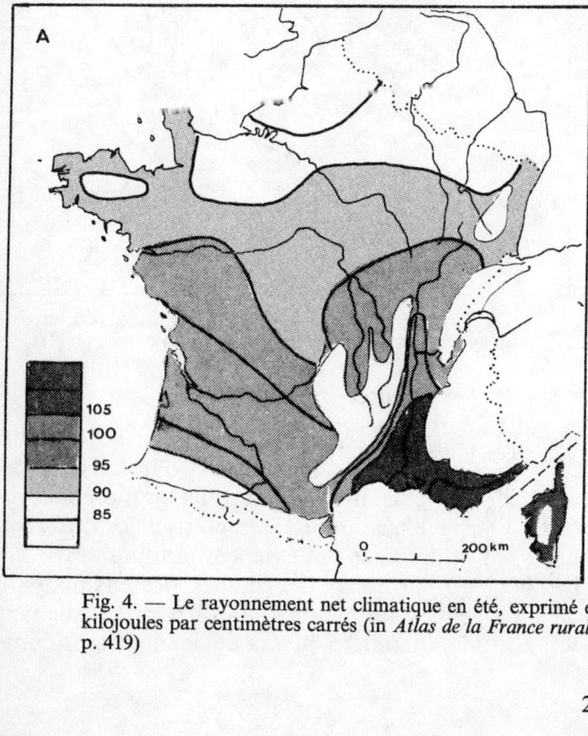

Fig. 4. — Le rayonnement net climatique en été, exprimé en kilojoules par centimètres carrés (in *Atlas de la France rurale*, p. 419)

plus de dix jours sans pluie ralentissent ou arrêtent la croissance des plantes : elles sont également fréquentes dans le Sud-Ouest et affectent assez souvent le sud du Bassin parisien et la Bretagne méridionale (fig. 5).

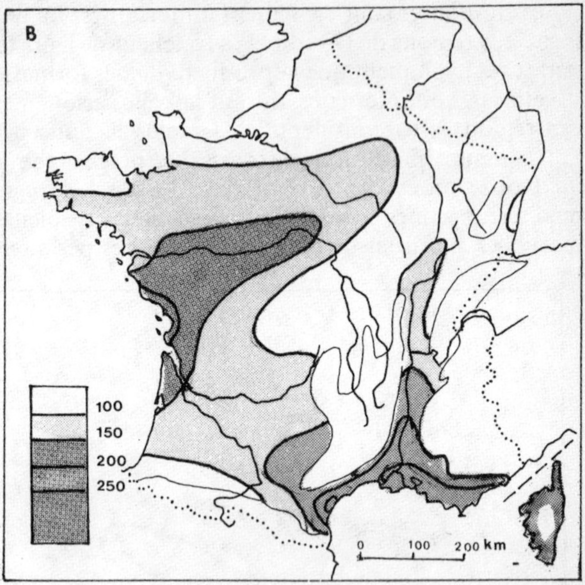

Fig. 5. — Déficit hydrique potentiel normal de l'été, exprimé en millimètres d'eau (in *Atlas de la France rurale,* p. 421)

II. — La forêt française

Plus du quart du territoire français est aujourd'hui occupé par la forêt — 14,5 millions d'hectares. Mais les massifs les plus drus n'ont plus grand-chose de naturel. On peut néanmoins caractériser les différents milieux par la présence des essences dominantes.

Le chêne est l'arbre roi des plaines, des bas plateaux et des moyennes montagnes. Il disparaît seulement avec l'altitude, quand les hivers deviennent trop longs et trop rudes. C'est la forêt de chênes qui a subi les défrichements les plus étendus, car c'est à son étage que règnent les conditions propices à la culture des céréales. Les conifères des étages montagnard et subalpin ont été attaqués aussi pour créer des pâturages, surtout sur les adrets ensoleillés.

La forêt de chênes varie beaucoup avec les nuances du climat : forêts de grands chênes rouvres ou pédonculés des zones humides du Bassin parisien, chênes blancs (pubescents) des régions méridionales plus sèches, chênes tauzins des Landes. Le Midi méditerranéen a, ou avait, ses forêts de chênes à feuilles persistantes, chênes verts qui remontent très au nord sur les abrupts ensoleillés de la vallée du Rhône ou le long des côtes de l'Atlantique où le gel est rare, chênes-lièges aussi, arbres magnifiques cantonnés sur les sols siliceux.

Dans les massifs, le chêne se mêle à d'autres feuillus, le charme ou le hêtre. Celui-ci recherche les étés humides. C'est l'arbre des haies qui protègent les « masures » du pays de Caux en Normandie. Il peuple les forêts de l'est de la France, et l'étage montagnard (entre 6-800 m et 1 300-1 700 m) où il dépasse le chêne en altitude et se mêle aux conifères. Le bouleau signale des sols médiocres, siliceux, souvent podzoliques. Il est fréquemment mêlé à de grands pins sylvestres.

Cette forêt a joué un rôle très important dans la vie des populations : elle fournissait des aliments de cueillette, champignons, petits fruits, miel sauvage des abeilles, offrait son gibier de petits et grands mammifères et servait de pâturage. Les cochons y disputaient les glands aux sangliers.

La forêt était aussi une source de matières premières pour la construction, les outils, les chariots, etc. Elle fournissait l'essentiel de l'énergie nécessaire aux besoins domestiques et à l'industrie. La métallurgie du fer, la poterie et la verrerie engloutissaient des quantités considérables de bois, mutilant les forêts en leur imposant un traitement en taillis. La forêt offrait enfin un refuge au marginaux.

A l'époque de la Gaule chevelue, des solitudes forestières séparaient souvent les différentes tribus. Les grands défrichements médiévaux raréfièrent les massifs étendus et d'un seul tenant. Avec l'arrêt des déboisements, les usages furent partagés : aux nobles le gibier, les bois d'œuvre, les coupes dans les taillis pour les usages industriels ; aux manants, le braconnage, le ramassage des « morts bois » pour les fagots et le droit de mener les porcs à la glandée.

Les aspects régionaux de la forêt sont finalement fort divers : la France de l'Est a conservé de beaux boisements très étendus, propriété des communes ou de l'Etat, alors que l'Ouest bocager a peu de véritables forêts. Là, les arbres émondés des haies semblent suffire aux besoins domestiques. A-t-on sacrifié la forêt ancienne aux landes, pièce essentielle, longtemps, des systèmes de culture ? Les gens de l'Est ont besoin de bois de chauffage et de lourdes charpentes pour abriter le foin et les bêtes l'hiver. Le sel, la verrerie, la métallurgie demandent de grandes quantités de bois, comme c'est le cas aussi de villes nombreuses et actives.

Les forêts méditerranéennes restent très étendues mais sont fort abîmées et fragilisées par des incendies périodiques. Il s'agissait autrefois de gagner par le feu des espaces pour les moutons transhumants, mais les sols fragiles se reconstituent mal, si bien que les formes dégradées en maquis ou garrigue prédominent. Les boisements de feuillus ont en bien des points cédé la place au pin d'Alep.

III. — Les bases agricoles

Le domaine agricole couvre actuellement 32,6 millions d'hectares, dont 19 sont mis en culture. C'est deux ou trois fois plus que dans les grands pays voisins.

Ce domaine a tendance à régresser. Il est attaqué par l'urbanisation. Des surfaces importantes retournent à la forêt par abandon de terres marginales et reboisement (50 000 ha par an environ). Plus de 3 millions d'hectares sont actuellement en friche. On parle d'abandonner encore 400 000 ha.

Le dessin des terroirs actuels date pour l'essentiel du Moyen Age. Les défrichements ne s'étaient pas faits au hasard. Les qualités des sols et des microclimats empiriquement reconnus avaient guidé les cultivateurs. Terres riches, terres pauvres. A quoi correspond cette dichotomie ? Qu'est-ce qui fait la fertilité des terres ?

C'est tout d'abord le climat. Presque partout, sauf en haute montagne, la durée de la saison chaude et les précipitations sont suffisantes pour faire pousser les céréales, l'herbe et tout un cortège d'autres plantes utiles.

Il faut cependant introduire des nuances. Le climat assure généralement de bonnes récoltes, mais à nos latitudes il est par nature capricieux : étés trop humides ou trop frais, printemps trop secs, gelées intempestives, orages dévastateurs, et la récolte est perdue. Pour les paysans d'autrefois, l'abondance n'existait guère, et c'était parfois la famine. Les catastrophes climatiques n'épargnent pas ceux d'aujourd'hui.

La France se trouve au carrefour de plusieurs domaines climatiques. Les basses terres au nord de la Loire laissent pénétrer très loin les vents humides et l'air adouci de l'Océan. De la Bretagne au cœur du Bassin parisien, les grandes gelées sont rares, les périodes de stabulation réduites. Mais l'été manque un peu de chaleur. Vers l'est, plus continental, la durée et la rigueur de l'hiver posent des problèmes. Il faut rentrer les troupeaux, les nourrir à l'étable et chauffer les maisons. Les étés sont en revanche chauds et humides à cause de la fréquence des orages. Sur les coteaux abrités et bien exposés, moins sensibles aux brouillards et au gel, la vigne remonte loin vers le nord. Ces milieux conviennent aussi aux arbres fruitiers.

Le Sud-Ouest atlantique a des hivers doux (en dehors des bordures montagneuses), et des étés chauds. Les pluies sont assez abondantes. Le maïs, le haricot, le tabac et la tomate, plantes subtropicales, y ont été acclimatés très tôt. Ce climat offre mille possibilités, que menace pourtant l'irrégularité des précipitations estivales.

Les milieux méditerranéens paraissent plus difficiles. L'impression d'âpreté désertique de certains paysages des Corbières ou des garrigues languedociennes tient à la nature calcaire du sol et à la dégradation avancée du manteau végétal. L'automne, l'hiver et le printemps sont normalement arrosés, parfois trop, avec des averses diluviennes qui provoquent des ravinements et des inondations. La sécheresse et une forte chaleur s'installent pendant l'été. Il faut semer à l'automne et récolter le blé précocement. La vigne et l'olivier sont chez eux. Tout change lorsqu'on peut irriguer les terres : beaucoup de spéculations fruitières et maraîchères deviennent possibles, comme aussi les herbages.

La variété des climats régionaux, que compliquent les nuances et les étagements introduits par le relief, multiplie les possibilités et a permis le fonctionnement de systèmes de cultures très variés selon les temps et les conditions techniques et économiques.

La qualité des terres, qui se pensait autrefois en fonction des rendements en céréales, jouait un rôle essentiel. Les fonds humides et les hauts pierreux et froids étaient laissés à l'arbre et à l'herbe. Le froment demandait une terre aérée et fertile. Les sols légers, limoneux — parfois caillouteux sur certains plateaux calcaires — étaient préférés aux terres lourdes, aux terreforts dans le Sud-Ouest par exemple, tantôt collants après les pluies, tantôt durcis par la sécheresse. Il fallut attendre le Moyen Age et l'amélioration des attelages et des charrues pour que ces sols gras deviennent réellement cultivables.

La présence d'ions calcaires diminue l'acidité des terres et facilite la floculation des colloïdes, argile et humus. Ceux-ci prennent alors une structure grumeleuse aérée et jouent un rôle essentiel dans les échanges au niveau des racines. Les arènes granitiques et les sols issus de schistes, presque dépourvus de calcaire, ont été des terres pauvres, des ségalas, jusqu'au moment où l'on a su et pu les amender par des apports de chaux.

Les zones gréseuses ou sableuses, très étendues autour de Paris, en Lorraine et dans les Landes, n'étaient guère cultivées. Peut-être était-ce plus pour des raisons d'opportunité que d'impossibilité.

La terre agricole actuelle, triturée en profondeur, amendée, engraissée par des tonnes de produits chimiques, n'a plus grand-chose de naturel. Les lourdes machines qu'elle emploie et les engrais ou pesticides qu'elle demande à l'industrie consomment plus d'énergie qu'elle n'en produit par photosynthèse.

IV. — L'environnement de la société française, ses composantes et son évolution

La multiplicité des rapports de la société à l'environnement. — Comme tous les êtres vivants, les hommes dépendent pour leur alimentation des matières organiques issues de la photosynthèse. Ils les prélèvent sur leur environnement. La première dimension de celui-ci est donc biologique. Les groupes tirent leur subsistance des pyramides écologiques naturelles et de celles qu'ils leur ont substituées. Grâce à leur mobilité et aux moyens de transport dont ils disposent, ils s'affranchissent cependant de plus en plus du milieu proche et peuvent se nourrir de produits récoltés à des centaines ou à des milliers de kilomètres. Les écosystèmes cessent alors d'être fermés. Les hommes prélèvent en des lieux variés les matières qui leur sont indispensables, les consomment là où ils vivent et y rejettent ce qui est issu de leur métabolisme. Certains écosystèmes souffrent de prélèvements qui compromettent leur survie, d'autres d'apports qui peuvent également se révéler nocifs.

Le travail, la vie sociale, les jeux et le repos sont plus ou moins faciles selon le temps qu'il fait. Les citadins d'aujourd'hui n'ont plus à se soucier des supports nécessaires à leur alimentation. L'environnement qu'ils perçoivent se réduit à ce qui rend l'atmosphère plaisante et la vie en plein air excitante. Les milieux les plus agréables sont spécialement attractifs, mais ne supportent pas toujours les contraintes que font peser les conditions de vie des groupes actuels. Le beau temps s'installe lorsque l'atmosphère est stable, ce qui favorise l'accumulation des gaz nocifs rejetés par les foyers industriels ou les véhicules. Le monde méditerranéen l'été, par beau temps calme, est souvent victime de graves pollutions — que balaie heureusement le mistral dès qu'il s'installe.

Formes d'énergie et rapports à l'environnement. — Dans la France traditionnelle, le soleil était la source de toutes les forces que l'on savait mettre en œuvre : il faisait pousser aussi bien les aliments consommés par la population et par les animaux que le bois qui servait de combustible. Les hommes dépendaient d'une ressource énergétique diluée, ce qui les obligeait à se disperser. La force des eaux courantes et du vent, mise à contribution depuis le Xe ou le XIe siècle par les moulins, soulageait la peine des travailleurs. Ces formes transformées d'énergie solaire s'offraient sous une forme concentrée le long des cours d'eau et sur les hauteurs éventées.

Avec l'utilisation des sources d'énergie fossile, les rapports à l'espace des groupes humains changent. Les restitutions indispensables au maintien de la fertilité des sols ne dépendent plus des fumures et d'assolements bien choisis, car l'emploi d'engrais est devenu possible. Grâce à la mécanisation, labours et charrois ne mobilisent plus d'animaux de trait. Tout ce que la terre produit est destiné à l'alimentation des hommes ou à celle d'animaux élevés pour les œufs, la viande ou le lait. La productivité accrue a libéré l'immense majorité de la population du travail de la terre. L'urbanisation s'en est suivie. Comme les transports sont bon marché, les villes ont grandi sans dépendre de la localisation des ressources agricoles qui les nourrissent. Les activités de transformation, autrefois dispersées le long des vallées ou dans les massifs forestiers, se sont concentrées.

Les cadres dont dépend l'existence des Français, et qui constituent leur environnement, n'ont cessé de s'élargir depuis les débuts de la révolution industrielle. Le mouvement s'est accéléré depuis la fin de la seconde guerre mondiale. Les attitudes s'en trouvent modifiées. Nous oublions ce qui contribue à notre alimentation et à notre confort matériel tant cela paraît aller de soi. La qualité de la vie et ce que l'on peut faire en plein air comptent davantage. Nous tenons à échapper aux pollutions que les concentrations humaines provoquent. La France a des densités relativement faibles, ce qui limite la pression sur l'environnement. Elle bénéficie de conditions climatiques généralement sans excès. Cela ne veut pas dire que les risques environnementaux n'y existent pas.

V. — Les risques environnementaux

On parlait naguère de la « doulce France ». Les conditions moyennes y sont dans l'ensemble favorables à la vie et agréables à l'homme, mais les catastrophes naturelles ne sont pas absentes et les risques négligeables. Ils varient selon les régions.

La France des plaines et des bas plateaux largement ouverts vers l'ouest bénéficie d'un climat océanique d'où grands froids et pluies très violentes sont généralement absents. Le risque majeur, dans ces contrées, vient de la violence que prennent des vents qu'aucun obstacle n'arrête. Les littoraux de l'Atlantique, de la Manche et de la mer du Nord sont souvent balayés de tempêtes dévastatrices où les dégâts viennent de la violence du vent, des vagues déchaînées et des niveaux atteints par les eaux. En Vendée, en Bretagne ou en Normandie, les rafales sont alors capables de déraciner des arbres et de dévaster des forêts : la tempête des 15 et 16 octobre 1987 a rappelé pourquoi la lande tenait tant de place dans cette France de l'Ouest. Au fur et à mesure que l'on s'avance dans les terres, la violence des vents s'atténue.

Dans la France méditerranéenne, des pluies diluviennes provoquent parfois des crues d'autant plus brutales, à la fin de l'été ou au début de l'automne, que l'eau ruisselle sur les sols desséchés, mais ne les pénètre pas. Les Languedociens sont intarissables sur les crues du Vidourle. A l'automne 1940, les eaux gonflées du Tech, dans les Pyrénées orientales, ont causé une centaine de victimes. A Vaison-la-Romaine, les orages de septembre 1992 ont fait monter de 17 m les eaux de l'Ouvèze. Un pont romain a été balayé, plus de 40 personnes ont péri.

La régularité d'ensemble du climat n'exclut pas les années exceptionnelles par la pluviosité, la sécheresse (1976) ou la rigueur du froid (1956). Il arrive que les excès, dans un sens ou dans l'autre, se poursuivent deux ou trois ans : le déficit des précipitations a été sensible en France du printemps 1989 au printemps 1992. De telles séries n'indiquent pas nécessairement que le climat se modifie — on en retrouve de semblables à toutes les époques. Mais nous savons que des fluctuations de longue durée, et d'amplitude non négligeable, ont affecté le climat français.

Du XIIIe siècle à l'extrême fin du XIXe, le petit âge glaciaire a été marqué par des températures plus fraîches d'un degré, des étés souvent pourris, des précipitations un peu plus abondantes. Ces fluctuations sont restées modestes, mais elles ont eu des répercussions décisives aux marges de l'espace habitable, en montagne, où les villages d'altitude ont beaucoup souffert de la péjoration des conditions de vie.

Les formes spectaculaires d'érosion des sols que les Etats-Unis connaissaient depuis les années 1920 avaient frappé les esprits. Avant guerre, les pays d'Europe occidentale échappaient à ces calamités. Cela ne montrait-il pas que le climat de l'Europe atlantique était plus bénin ? En pays méditerranéen, tout le monde était conscient de la fragilité des sols. Avec la mécanisation de l'agriculture et l'emploi d'un matériel de culture plus lourd, les terres des régions de plaine et de plateaux d'une bonne partie de la France se sont tassées. Dans des champs que le remembrement a agrandis, elles sont atteintes par une érosion superficielle qui les dépouille de leurs horizons superficiels, les plus riches, et par des formes souvent graves de ravinement.

Les qualités d'un environnement dépendent de la manière dont il est exploité. La société postindustrielle est menacée de déséquilibres qu'on ignorait avec des formes moins brutales d'exploitation des milieux. Pour éviter le pire, il faut apprendre à éviter l'accumulation des polluants dans l'atmosphère par temps calme et à limiter la concentration des produits chimiques nocifs dans les rivières. Des dispositions doivent être prises pour que l'incendie d'une usine ne provoque pas des déversements catastrophiques. Il faut apprendre à gérer les dangers non négligeables qui tiennent à l'utilisation du nucléaire.

Les risques essentiels sont climatiques, mais d'autres menaces existent. Les massifs volcaniques français sont éteints. La plupart le sont depuis longtemps. Ce n'est pas le cas de la région des Puys, en Auvergne, où la dernière éruption remonte à cinq mille ans : une réactivation y est toujours possible. Les risques sismiques sont mineurs comparés à ceux notés en d'autres pays, mais ils ne sont pas absents. Il existe des foyers d'instabilité au large des côtes bretonnes et le long des failles de la Limagne. Les secousses les plus fortes se manifestent plutôt dans les Pyrénées (celle d'Arette, le 13 août 1967, fit des victimes). Les risques sont sérieux dans les Alpes maritimes, où les normes de construction devraient être revues. Le fossé rhénan a connu, à l'époque historique, quelques séismes majeurs. Celui de Bâle, en 1482, a provoqué des destructions considérables dans toute l'Alsace et en Franche-Comté.

Chapitre III

PAYSAGES, CAMPAGNES ET VILLES DE LA FRANCE TRADITIONNELLE

Il existe une inertie considérable des paysages et de l'organisation de l'espace. Pour comprendre la géographie de la France d'aujourd'hui, il faut savoir ce que ses paysages, ses campagnes et ses villes ont gardé de la France d'avant la révolution industrielle.

I. — L'environnement de la France préindustrielle

La géographie était alors commandée par l'exploitation des ressources que fournissait la terre, qu'elle soit cultivée, livrée à l'élevage ou boisée. Les mines n'avaient d'impact que localement. La population était essentiellement rurale.

Comme les restitutions étaient imparfaites, les rendements agricoles restaient médiocres — 8 à 10 q de blé par hectare, au plus, au XVIIIe siècle, sur lesquels il fallait défalquer les semences pour l'année suivante, 2,5 à 3 q. Il restait de quoi nourrir deux personnes à l'hectare — mais il fallait compter avec les jachères et les cultures destinées à l'élevage. Sur les meilleurs terroirs ne pouvaient donc vivre en moyenne qu'une personne à l'hectare, ou 100 par kilomètre carré cultivé. On était généralement plus près de 30, 40 ou 50, selon la fertilité des sols et la qualité des façons. Le travail était trop inefficace pour qu'il reste beaucoup de produits à mettre sur le marché. La population urbaine était comprise entre 5 et 20 % des effectifs totaux. Les transports étaient si onéreux qu'un centre ne pouvait faire venir les grains de plus de 30 à 40 km, sauf s'il était situé sur une côte ou une rivière navigable.

La France devait à la modération de son relief et à son climat d'offrir une proportion exceptionnellement élevée de sols cultivables, ou exploitables à travers la coupe du bois ou le pâturage des troupeaux. L'humanisation de l'espace était donc quasi totale.

Les rejets comportaient surtout des produits organiques dont le recyclage dans les pyramides écologiques se fait d'habitude sans problème. Les villes étaient peu peuplées, ce qui limitait les superficies pour lesquelles la pression était forte. Les eaux usées se mêlaient cependant partout à celles puisées dans les nappes phréatiques pour l'alimentation humaine, et les contaminaient. Les problèmes de pollution n'étaient pas les nôtres, mais ils étaient sérieux.

II. — La continuité du peuplement

La France est un pays de petites communes. Cellules de base de l'organisation territoriale, on en compte actuellement 36 433 : elles ont en moyenne 1 522 habitants et 1 496 ha (un peu moins de 15 km^2). Certaines sont plus petites. Les communes de montagne et certaines villes, Marseille ou Paris, sont plus grandes. Le cas d'Arles, qui englobe toute la Camargue (1 020 km^2), est isolé. La superficie moyenne correspond à celle d'un cercle d'un peu plus de 2,2 km de rayon. Du centre, un habitant pouvait aller à une terre en périphérie et revenir en une heure. Le village voisin était à une heure à pied. C'étaient là des distances compatibles avec le travail de la terre et la vie sociale.

Cette taille paraît aujourd'hui trop faible — d'autant qu'un grand nombre des communes rurales, dépeuplées, comptent moins de 500, voire de 100 habitants. Cela entraîne des dysfonctionnements et des coûts administratifs élevés. Le gouvernement n'a pas procédé en France aux regroupements qui ont porté la population moyenne des municipalités à plus de 7 000 habitants en l'Allemagne (de l'Ouest), de 18 000 aux Pays-Bas et de 100 000 en Grande-Bretagne. Les Français sont très attachés aux cellules de base où leur expérience s'inscrit. On le comprend mieux lorsqu'on sait combien l'origine de ces circonscriptions territoriales est ancienne.

On ne prête guère attention à la musique des noms de lieux. Elle nous renvoie pourtant à un passé lointain : les milliers de toponymes qui se terminent en *ac*, *y*, *é* ou *ey* proviennent de domaines baptisés à l'époque gallo-romaine du nom de leurs propriétaires suivi du suffixe *acus*. La terre de Victorius, *victoriacus,* est ainsi devenue selon l'évolution dialectale des régions Vitry, Witry, Vitrac, Vitré ou Verrie. Les terminaisons en *court* ou en *ville* se sont formées lors des invasions germaniques. L'essentiel du semis fondamental des unités territoriales était en place, dans certaines régions, il y a mille cinq cents ans. Pour le reste, le mouvement de colonisation s'est effectué au Moyen Age. A la faveur de quelques améliorations techniques et sous l'effet de la poussée démographique, de vastes espaces jusque-là délaissés sont défrichés, et de nouvelles communautés, souvent encadrées par des abbayes, s'installent. Les toponymes sont désormais français et directement intelligibles. A partir du XIIIe siècle, il ne reste plus en France d'espaces assez grands et assez vides pour autoriser la création de communautés nouvelles. Le pays est totalement occupé.

Le statut des unités de base du peuplement a changé avec le temps. A l'époque gallo-romaine, elles se confondaient avec les grands domaines. La seule collectivité territoriale qui existait déjà était la Cité — à la taille d'une région ou d'un département actuel. Entre le VIIIe et le Xe siècle, l'Eglise crée des paroisses dans chaque cellule rurale : ainsi s'amorce leur reconnaissance juridique. Les circonscriptions mises en place sont presque partout les héritières du peuplement antique ou des communautés installées au moment des grandes invasions. A l'époque féodale, la seigneurie concédée au vassal utilise largement le même moule territorial. Le système comporte bien des nuances. En Bretagne, le découpage se fait autour de lieux de culte et ne correspond pas à des terroirs : cela y explique la grande taille des communes et le rôle joué par le bourg. Comme dans tout l'Ouest où il n'y a pas de villages, il vit des services offerts à la communauté.

La permanence des circonscriptions territoriales élémentaires ne veut pas dire que fermes, hameaux ou villages n'ont jamais changé d'emplacements. En Picardie, l'archéologie aérienne montre qu'il y a souvent correspondance entre les grandes exploitations gallo-romaines et les communes d'aujourd'hui, mais les villages actuels ont été fondés au IVe siècle de notre ère à quelque distance des villas antiques. Des remaniements importants ont eu lieu dans le Midi au cours de la première moitié du Moyen Age et ont abouti au perchement de l'habitat.

La stabilité de la trame élémentaire du peuplement n'a pas empêché parfois le renouvellement de la population. Les guerres ont à ce point dévasté certaines régions qu'il fallut procéder à leur recolonisation : après la guerre de Cent Ans, cela se produisit en Aquitaine, dont le nord a été ainsi gagné aux dialectes français, et où le Périgord et le Quercy ont reçu beaucoup de Limousins, d'Auvergnats ou de Rouergats. Le problème s'est posé après la guerre de Trente Ans dans certaines régions de Lorraine ou de Franche-Comté. Dans tous ces cas, les structures d'encadrement étaient déjà assez vigoureuses pour que le repeuplement se glisse dans les unités qui existaient déjà.

III. — Les marques d'un monde plein

Le réseau des communautés de base est en place au XIIIe siècle. La France apparaît comme un monde plein, avec quelque 20 millions d'habitants. Lorsque les effectifs s'accroissent, il n'est plus possible de s'installer à côté des établissements existants et d'y créer de nouvelles cellules sur des terroirs vierges. Localement, une progression est encore possible dans les zones de marais, mais elle implique une transformation préalable par endiguement et assèchement. Cette bonification a touché la Flandre et les marais maritimes des côtes de la Manche et de l'Atlantique, et s'est échelonnée du XIVe au XIXe siècles.

Le renouvellement des structures agraires. — Pour faire face à la pression démographique, l'intensification s'imposait. Elle passait par la réduction des périodes de jachère et par une meilleure utilisation des terres dont la productivité était la plus faible. Dans la France du Nord et de l'Est, l'effort de rationalisation conduisit au regroupement des habitations au centre du terroir et à la division du finage en trois soles alternativement occupées par la céréale d'hiver, la céréale de printemps et la jachère. Il mena aussi à la gestion communautaire des bois et à l'organisation d'un troupeau collectif. L'opération, commencée au Xe ou XIe siècle, aboutit, selon les lieux, au XIIIe siècle ou plus tard (à l'occasion de la reconstruction qui suivit la guerre de Trente Ans en Lorraine). Les campagnes à champs ouverts, les *openfields,* couvrent ainsi les deux cinquièmes de la France, essentiellement sur les grands plateaux à vocation céréalière du Bassin parisien et des régions de l'Est (fig. 6).

Ailleurs (et dans les zones humides du Nord et de l'Est), l'intensification s'est faite sans remaniements collectifs des terroirs. Dans tout l'ouest de la France, du Cotentin au Pays Basque et au Béarn ainsi que

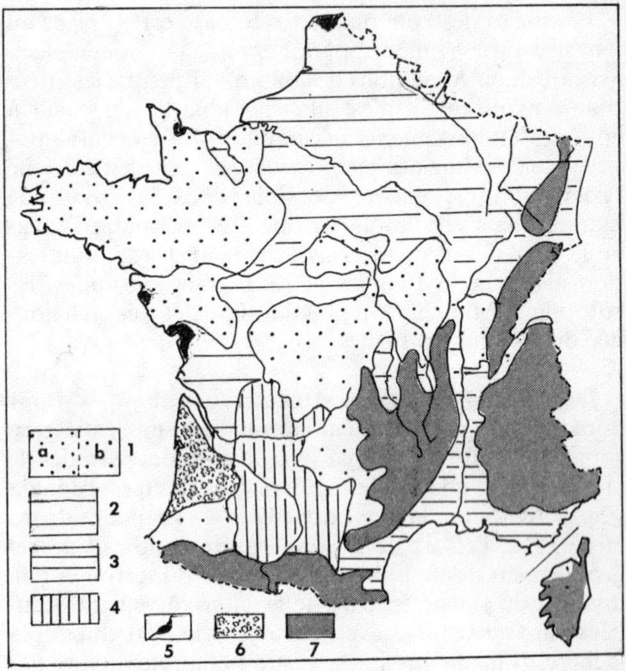

Fig. 6. — Les paysages ruraux français

1. Paysages bocagers : *a)* bocage, *b)* semi-bocage ; 2. Campagnes à champs ouverts et villages ; 3. Paysages méditerranéens à champs ouverts et arborés, terrains de parcours et villages perchés ; 4. Paysages aquitains à joualles arborées, fermes dispersées et bastides ; 5. Polders et marais maritimes ; 6. Grandes Landes ; 7. Paysages de montagne à clairières cultivées

pour une partie du Massif central, il fallait tirer meilleur parti des landes. Les habitants des hameaux originels cultivaient de manière continue de petits ensembles de champs ouverts (les *méjous* en pays bretonnant) qu'ils enrichissaient de ce que l'élevage prélevait sur les immenses pâtures, les ajoncs en particulier. On apprit peu à peu à amender et à cultiver ces sols acides. Les fermes qui s'y installèrent avaient leurs terres alentour et les clôturaient de haies. Ainsi se sont formés les bocages, dont la genèse a été progressive et qui ont achevé de se mettre en place au XIXe siècle.

En Aquitaine intérieure, dans le Massif central ou dans le Sud-Est, les landes occupaient moins de place, mais l'intensification a pris également un visage individualiste. La pression démographique du monde plein a ainsi conduit à des actions d'intensification qui ont accusé les contrastes régionaux, dessiné de grands ensembles paysagers fortement individualisés (voir fig. 6 ci-dessus) et très largement gommé le dessin des organisations antérieures de l'espace.

Le poids des autarcies. — Le monde traditionnel est celui de l'enclavement. Le commerce des produits agricoles ne s'y développe sur quelque distance que le long des vallées navigables, sur les côtes où les ports naturels abondent, et à proximité des villes. Ailleurs, les espaces agricoles doivent nourrir leur population et celle des villes qui les desservent. Il faut produire partout le pain, le vin, la viande, les matières grasses, mais aussi les vêtements, les sabots, les outils, les matériaux de construction et le fer. Quelles que soient les aptitudes du milieu, on essaie d'y faire de tout. Le seigle était autrefois cultivé à Saint-Véran, dans les Alpes, à 1 900 m d'altitude. La vigne avançait jusqu'en Normandie ou dans le Laonnais. Les matières grasses venaient du lait (beurre ou crème), de la graisse des animaux (porc, oie, canard, mais aussi mouton et bœuf), du colza, des noix ou des olives. Les légumes secs, pois, lentilles, fèves, suppléaient au manque de protéines animales dans beaucoup de régions. Selon les milieux, on mangeait du pain de blé, de seigle, de méteil, des bouillies d'avoine ou d'orge, des galettes de sarrazin, des gaudes et crêpes de maïs, ou des châtaignes. Les sociétés traditionnelles se différenciaient ainsi par leurs genres de vie.

Les régions agricoles n'étaient pas spécialisées. Elles livraient partout des récoltes multiples, mais en fonction du milieu les combinaisons productives variaient. L'éventail des denrées comestibles disponibles et les habitudes alimentaires changeaient donc aussi. Il fallait se loger en utilisant les matériaux disponibles sur place : bois, torchis, brique ou pierre pour le gros œuvre, et pour la couverture, paille, ardoises, lourdes lauzes de calcaire ou plaques de schiste, petites tuiles brunes à la française, pannes flamandes ou tuiles canal du Midi, du Centre-Ouest et de Lorraine. Jusqu'au XIXe siècle, beaucoup de régions rurales se contentaient de couvertures végétales, interdites en ville à cause des risques d'incendie.

La spécialisation et ses limites. — L'autarcie n'était jamais absolue. Là où l'on pouvait compter sur la voie d'eau, des spécialisations s'esquissaient déjà. Elles portaient sur des biens de qualité ou de prestige. La vigne en fournit l'exemple classique.

Les grands vignobles étaient implantés près des limites de l'aire où la production est possible. On y obtient des vins légers et au bouquet agréable. Sans marchés, les grands propriétaires ecclésiastiques ou nobles et les paysans n'auraient cependant jamais sélectionné les variétés, surveillé de près la fermentation et fabriqué des vins de garde. Les meilleurs résultats venaient des bords de la Gironde, de la Loire (qui vendaient en Europe du Nord), de la Seine bourguignonne (par où se faisaient les expéditions vers Paris), de la Moselle ou des collines sous-vosgiennes, à proximité du Rhin. La côte bourguignonne écoulait ses vins à Dijon, dans les villes de la Saône jusqu'à Lyon, et à Paris après un voiturage assez bref jusqu'à la Seine. Les marchands des villes jouaient un rôle essentiel dans la prospection des débouchés.

Les produits d'élevage échappaient aussi aux autarcies locales. Le bétail de boucherie se déplace sur pied, par petites étapes, sans perdre de sa qualité : Paris se nourrissait des troupeaux de Normandie ou de l'Est. Le beurre et les fromages frais ne supportaient que des trajets de quelques dizaines de kilomètres. Le beurre salé et les fromages à pâte dure, généralement cuite, s'écoulaient à plusieurs centaines de kilomètres – d'où la curieuse distribution circulaire, autour du marché parisien, des fromages traditionnels en France.

Les articles fabriqués étaient souvent de qualité, ce qui leur permettait de supporter des transports relativement onéreux, mais leur production ne prenait d'ampleur que là où les ressources agricoles locales laissaient des excédents pour nourrir les artisans. Les zones que l'on dit proto-industrielles étaient installées sur des terroirs riches, dans la plaine flamande, en Picardie ou dans le pays de Caux. Les fabrications de toile étaient actives dans une partie de l'Ouest intérieur. Le Midi languedocien fournissait des draps. Les spécialisations métallurgiques dépendaient des minerais faciles à extraire et à fondre, du bois et de la force des cours d'eau. Les plateaux calcaires de l'est et du sud du Bassin parisien, ceux de l'Angoumois et du Périgord, les campagnes du bocage normand, et certaines zones des Pyrénées se spécialisaient dans ces fabrications.

Emigration et contrôle démographique. — Faute de produits à vendre et de cours d'eau navigables pour les acheminer, les hommes se déplaçaient pour vendre leur travail, parfois avec leurs attelages (entre Lyon et Roanne, ou chez les rouliers de Grandvaux). Les régions les plus pauvres et les plus isolées fournissaient les gros contingents de migrants temporaires. Certains louaient leurs bras comme moissonneurs, faucheurs ou vendangeurs dans des campagnes plus fortunées. Les ramoneurs savoyards partaient à Lyon ou Paris, les instituteurs des Hautes-Alpes s'installaient dans la vallée du Rhône. L'Auvergne avait fourni longtemps l'Espagne de boulangers, et ses marchands de toile parcouraient les villes et les campagnes de France.

Malgré les trésors d'ingéniosité ainsi déployés, le plafond de ressources restait limité. Force était de limiter le nombre des hommes. Jusqu'à la fin du XVIIIe siècle, le contrôle des naissances était indirect, mais efficace : on se mariait tard ; dans les régions de faire-valoir direct où les terres n'étaient pas partagées entre les héritiers, les cadets qui restaient sur l'exploitation de leur frère aîné étaient condamnés au célibat.

Emigrer fournissait évidemment une solution, mais il était difficile de se faire une place dans un monde où les bras abondaient. La plupart des communautés rurales étaient fermées à qui venait de l'extérieur : elles ne s'ouvraient qu'après une grave épidémie ou une guerre. Le départ se faisait donc vers les villes. Celui qui connaissait un métier avait des chances d'y trouver du travail, mais sans perspective de promotion sociale là où les corporations défendaient les patrons en place. Les femmes devenaient servantes. Les hommes se faisaient soldats. Les uns et les autres étaient fréquemment réduits à la mendicité. Les destinations lointaines n'étaient pas plus faciles, mais aux XVIIe et XVIIIe siècles, des départs eurent lieu de l'Ouest vers le Canada, du Sud-Ouest vers les Antilles ; l'émigration transatlantique est restée vivante jusqu'à nos jours en Béarn et Pays Basque.

Les marques du monde plein se lisaient donc à la fois dans l'humanisation poussée à l'extrême des paysages, dans l'effort de diversification des ressources, et dans le contrôle des effectifs. Dans ce monde difficile, les enfants apparurent plus vite comme une charge que cela ne fut le cas dans d'autres pays.

La pression démographique posait à toutes les parties du pays les mêmes problèmes, et conduisit à une certaine standardisation des modes de mise en valeur de la terre. Elle n'effaça guère les contrastes qui résultaient des origines du peuplement ou de la différenciation linguistique (fig. 7). Le latin avait donné naissance à la langue d'oïl, à la langue d'oc, au franco-provençal, et à des variétés dialectales de l'italien (en Corse) et du

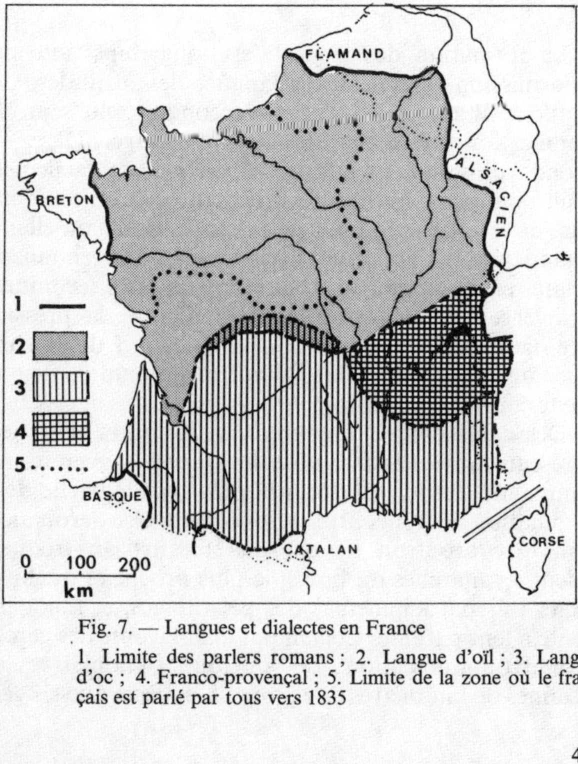

Fig. 7. — Langues et dialectes en France

1. Limite des parlers romans ; 2. Langue d'oïl ; 3. Langue d'oc ; 4. Franco-provençal ; 5. Limite de la zone où le français est parlé par tous vers 1835

catalan (en Roussillon). Le flamand et l'allemand, sous des formes également dialectales, ainsi que le breton et le basque, dominaient des régions assez vastes. L'opposition entre le Nord et le Midi, sensible sur le plan linguistique, se marquait aussi, mais avec des limites différentes, dans le domaine du droit, ou dans la forme des toits. Une autre coupure opposait la France du Nord et de l'Est, aux sociétés villageoises plus tôt touchées par le progrès, à l'Ouest, au Centre et au Midi.

IV. — Des sociétés à deux niveaux

La formation des jeunes s'est longtemps faite par transmission directe de la langue, des attitudes, des tours de main et des règles de conduite au sein des familles ou au cours de l'apprentissage. Dans un monde d'oralité, la culture se différencie facilement d'un point à un autre : il suffit qu'une variation locale sur un thème commun apparaisse pour qu'elle se maintienne et s'accentue. La langue a donc tendance à éclater en dialectes (fig. 7) et les procédures techniques à diverger. Les contraintes du milieu et la pression démographique limitent la diversification des techniques agricoles, mais dans d'autres domaines, rien ne vient contrecarrer les dérives.

Des déplacements nombreux mais courts animaient le réseau dense et anastomosé des sentiers et chemins des campagnes françaises. Pour la plus grande partie de la population, les rencontres et les échanges se déroulaient dans un cadre étroit. Les paysans et les artisans fréquentaient les marchés du bourg le plus proche et quelques foires ; ils participaient à des pèlerinages, et rendaient visite à leur parenté. Cela maintenait vivants des cercles d'intercommunication de quelques kilomètres ou dizaines de kilomètres de rayon. Le dialecte que les gens parlaient différait un peu de celui de leurs interlocuteurs, mais tout le monde se comprenait.

La vie de relations qui se développait hors des limites de la communauté de base s'inscrivait en partie dans le registre des cultures populaires. Une autre partie lui échappait. Le curé, le ou les grands propriétaires, les notaires et les avocats (plus nombreux qu'aujourd'hui en milieu rural), et un certain nombre de marchands participaient à la fois du monde local, dont ils pratiquaient le dialecte, et des structures encadrantes. Ils comprenaient le français (et parfois le latin), avaient des notions de droit et de théologie, étaient au fait des usages de la ville, savaient y établir des relations et disposaient de moyens pour s'y faire entendre.

La société comportait deux niveaux, ce qui ne voulait pas dire qu'elle était faite d'ensembles qui s'ignorent. Les prêtres connaissaient les soucis et les difficultés de leurs fidèles, même s'ils essayaient de les détacher du fond de superstitions et de pratiques païennes que charriait la culture populaire. Les propriétaires restaient proches des paysans qui travaillaient pour eux, partageaient certains de leurs goûts et manifestaient la même crainte des aléas du climat. Ils étaient servis à la campagne comme à la ville par des jeunes filles qui venaient de la terre et y retournaient souvent avec les savoir-faire qu'elles avaient acquis. Lorsqu'ils faisaient édifier leurs châteaux ou leurs maisons de maîtres, les gens aisés faisaient appel à quelques spécialistes venus de loin, et aux artisans locaux. C'était une occasion pour ceux-ci de se familiariser avec des formes ou des procédés qu'ils auraient sans cela ignorés.

De cette société à deux niveaux nous restent des témoignages multiples. La tendance à la fragmentation ? On la lit à tous les détails de la vie matérielle, de l'outillage, des costumes, de l'ameublement ou des dialectes. Le rôle de la société encadrante ? Il apparaît dans un christianisme qui finit par être profondément assimilé, dans la diffusion de plus en plus large du français, même s'il n'était pas utilisé dans la vie quotidienne, et dans l'imprégnation de la culture populaire par des formes, des idées et des techniques d'origine savante. Le costume des paysans bas-bretons, comme le rappelle Xavier de Planhol, paraît spécifique à la région, mais il descend des tenues de cour de l'époque Louis XIII.

Dans les villages et dans les bourgs, les maisons modestes des journaliers, des fermiers ou des artisans contrastent avec les belles demeures bourgeoises, le château et l'église. Tous partagent pourtant un air de famille : les toits ont les mêmes pentes et sont recouverts des mêmes tuiles ; on sent que les charpentes et les couvertures ont été posées par les mêmes mains. Dans la campagne traditionnelle, la société des bourgs et les petites villes était souvent complexe. La qualité du bâti qui fait le charme de la France rurale et explique l'attrait qu'elle continue à exercer sur l'imagination des Français et des Européens d'aujourd'hui vient de là.

V. — Les formes d'organisation de l'espace et la vie régionale

Le rôle de l'échange marchand. — Les marchés, multipliés au cours du Moyen Age, animèrent très tôt l'espace. Les surplus agricoles de régions proches s'échangeaient dans des bourgs qu'ils approvisionnaient, et qui fournissaient des produits de leur artisanat.

Les articles capables d'alimenter des échanges à longue distance étaient de haute valeur : épices, armes, toiles et draps de luxe. Ils étaient acheminés d'étape en étape le long d'itinéraires reconnus. Les volumes impliqués étaient faibles et ne faisaient vivre de grosses communautés que dans des cas exceptionnels : relais importants, régions dont les produits artisanaux étaient spécialement réputés, ports vers lesquels affluaient les articles expédiés au loin, et par où étaient redistribuées les denrées importées.

Avant l'ouverture du col du Saint-Gothard qui reporta plus à l'est une partie du grand commerce, la Champagne et la Bourgogne se trouvaient au cœur du dispositif des relations continentales à longue distance de l'Europe : ces deux provinces étaient situées sur la route qui menait de la Méditerranée provençale ou de l'Italie en Flandre, et sur les itinéraires qui conduisaient les pèlerins venus d'Europe centrale ou rhénane à Saint-Jacques de Compostelle. L'animation de la façade méditerranéenne était encore limitée. Le rivage atlantique bénéficiait, entre Loire et Gironde, de la timidité des marins du Nord qui n'osaient pas traverser le golfe de Gascogne en droiture. Ils ne pouvaient trouver que là le vin et le sel dont ils avaient besoin.

Lorsque l'essor de la vie de relation reprit au XVe siècle, après la guerre de Cent Ans, la France avait perdu les privilèges de centralité dont elle avait bénéficié au profit de Milan, des villes suisses et des pays du Rhin et du Danube, mais ses franges de l'Est et Lyon participaient à l'animation du grand axe européen. Les côtes de l'Ouest n'étaient plus les seules à ravitailler les pays du Nord en produits de pays aux étés chauds, mais leurs ports prospérèrent, à partir du XVIIe siècle, grâce au commerce avec l'Amérique (Antilles surtout), les Indes orientales et les pays du Nord. De Bayonne à Dunkerque, la vitalité de la France tournée vers l'Océan s'accroissait, cependant que le rôle de Marseille s'affirmait en Méditerranée. Les régions textiles du Languedoc, de l'Ouest ou de Normandie participaient largement aux échanges ainsi organisés. Les courants engendrés ne suffisaient cependant pas à irriguer un pays à la dimension de la France.

Négociants et armateurs étaient déjà des personnages influents, mais les réseaux auxquels ils participaient ne pesaient encore directement que sur une petite partie du pays : autour de Bordeaux, de Nantes, de Rouen ou de Lyon se dessinaient les premières régions d'influence urbaine.

L'économie de prélèvement et l'organisation territoriale de la France traditionnelle. — Les structures d'encadrement de la France traditionnelle étaient financées par des prélèvements qui pesaient pour l'essentiel sur les populations rurales. Jusqu'à la Révolution, l'Eglise percevait la dîme à laquelle s'ajoutait le loyer des terres qu'elle possédait. Les circulations ainsi alimentées s'inscrivaient au sein des diocèses : à cette échelle, elles constituaient un instrument efficace d'organisation de l'espace. Le clergé était présent dans toutes les paroisses, les ordres avaient la charge de l'instruction et des services de charité. L'Eglise canalisait ainsi une partie des rapports qui se tissaient entre les villes et les campagnes. Son poids se lit encore aux milliers de belles églises et aux abbayes que l'on trouve dans toutes les régions.

La monarchie française imposait lourdement les contribuables, mais l'argent recueilli servait surtout à la splendeur de la cour et au financement de l'armée et de la marine. L'Etat n'avait pas les moyens de payer une administration territoriale étoffée. En dehors des zones frontières fortifiées et des ports où se construisait la flotte nécessaire à l'expansion outre-mer, le gouvernement ne pesait guère sur l'organisation de l'espace. La mise en place des itinéraires postaux au XVIe siècle et la construction de routes et de canaux à partir du XVIIe traduisent cependant une meilleure emprise.

Les revenus de la terre, droits seigneuriaux, fermages et métayages, constituaient l'instrument essentiel de l'encadrement territorial dans la France traditionnelle. L'installation des maîtres de la terre là où se trouvaient leurs possessions s'était faite à l'époque féodale. La double résidence s'y substitua progressivement. L'existence des nantis se partageait entre le château ou la maison bourgeoise près de leurs terres où ils vivaient aux beaux jours, et l'hôtel particulier en ville où ils se tenaient l'hiver. Grâce à cela, la coupure entre vie urbaine et vie rurale n'a jamais été aussi marquée que dans d'autres pays. La diffusion des traits de la culture des élites se faisait simultanément à partir de tous les niveaux de la hiérarchie urbaine.

A défaut d'une bureaucratie moderne, la France d'Ancien Régime encadrait le pays grâce au système des offices. Il apparut à beaucoup de familles en quête d'ascension sociale comme une source de revenus complémentaires de ceux qui provenaient de la terre. Ainsi se créa un corps d'officiers qui assuraient l'intégration du territoire à la fois par leurs fonctions publiques et par les terres qu'ils possédaient, où ils séjournaient, et qu'ils géraient souvent avec plus d'efficacité que les membres de la vieille noblesse.

Les relations que motivaient la vie religieuse, la justice, la levée des impôts ou les liens féodaux pesaient d'un poids décisif dans la France traditionnelle. Elles s'inscrivaient dans des cadres qui n'évoluaient que lentement. Ceux-ci finirent par faire partie des représentations mentales que tous partageaient. Les provinces étaient des unités régionales vivantes. Beaucoup reprenaient les contours des cités gallo-romaines ou en regroupaient quelques-unes dans un cadre plus vaste, d'autres témoignaient des remaniements du peuplement à l'époque des invasions. Au dessous, les pays traduisaient des relations à plus courte distance. Ils coïncidaient avec des régions naturelles, ou gravitaient autour des petits centres où les paysans de terroirs complémentaires venaient échanger leurs excédents.

Les villes. — Avec le monde plein s'était achevée la mise en place d'un réseau urbain qui couvrait aussi régulièrement le pays que les paroisses le faisaient à l'échelle inférieure. Tous les éléments n'en étaient pas contemporains. Les cités dataient de l'époque gallo-romaine. Certains des centres plus petits descendaient des *vicus* gallo-romains, mais la plupart avaient été fondés au Moyen Age. Ils étaient nés d'un couvent, des fonctions de justice d'une seigneurie, et des marchés et du commerce qui apparaissaient dès que se développait un rassemblement de population. Dans le Sud-Ouest où les petits centres étaient encore rares au XIIe siècle, la longue rivalité franco-anglaise pour le contrôle de la région favorisa leur multiplication comme en témoignent les bastides.

Les noyaux urbains demeuraient de petite taille — à peine 2 000 habitants, parfois moins. Une ville de 10 000 habitants était importante. Un centre de 30 000 habitants ne pouvait vivre que s'il était situé sur une voie d'eau. Le cas de Paris, qui avait franchi la barre des 100 000 âmes au XIIIe siècle, atteint les 300 000 au XVIe siècle et dépassé le demi-million à la fin du règne de Louis XIV, était exceptionnel à l'échelle de la France, et longtemps, de l'Occident non méditerranéen.

La ville française traditionnelle a longtemps vécu enfermée dans des murailles. Celles-ci avaient des finalités militaires, accessoirement fiscales. En dehors des frontières de l'Est, des confins de la Bretagne et des littoraux, les premières perdirent de leur importance à partir du XVe siècle. Les fortifications disparurent généralement dans le courant du XVIIIe siècle. Leur emplacement se transforma en boulevards circulaires. Ils ceinturent aujourd'hui les villes anciennes.

Lorsque la croissance urbaine s'est poursuivie sur de longues périodes, il fallut élargir les enceintes urbaines. On lit sur les plans leurs emprises successives, mais il est rare qu'elles aient donné naissance, comme à Paris, à des lignes de boulevard concentriques. Les fortifications ont provoqué l'entassement des populations et la formation d'un habitat dense aux ruelles étroites. Elles n'interdisaient pas la présence de jardins.

L'architecture des constructions ordinaires ressemblait à celle de la campagne environnante par certains de ses éléments, la forme des toitures par exemple, mais en différait par la nécessité de prévenir les incendies. La cheminée, qui se généralisa au XIIIe siècle, rendit le logis confortable, mais obligea à construire en dur. Les paysages urbains qui ont subsisté jusqu'à nous se formèrent donc, en dehors de quelques églises, à partir des XIIIe et XIVe siècles. C'est ce noyau restreint qui confère aux villes leur originalité, alors que les développements urbains des XVIIe et XVIIIe siècles, marqués d'une pensée urbanistique déjà élaborée, sont plus standardisés.

VI. — Conclusion

La France a hérité du monde traditionnel un tissu rural et un semis urbain homogènes, et une tendance à la diversité qui donnent aux paysages d'aujourd'hui une partie de leur charme. Quelques régions se distinguaient de l'ensemble par leurs structures sociales — la Corse par exemple, où les structures claniques étaient fortes. La France des openfields, au nord d'une ligne qui court de Caen à Genève, devait à une vie collective plus structurée et à des conditions plus favorables à l'échange un essor plus précoce de l'instruction et une plus grande diversité des structures professionnelles. C'était la France prédéveloppée : elle était prête au démarrage économique.

Chapitre IV

LA FRANCE DE L'ÂGE INDUSTRIEL

Les conditions de vie et les rapports que les Français entretiennent avec leur environnement ont été bouleversés par la révolution industrielle qui s'est étalée de la fin du XVIIIe siècle aux années 1950 et résulte de la mise en œuvre de formes concentrées d'énergie. A une société rurale et en majorité paysanne succède un monde urbanisé dominé par l'industrie et les services. L'horizon était borné, avec des échanges limités au marché local. La vie et le travail s'inscrivent désormais dans un espace structuré par des relations interrégionales vigoureuses dans le cadre d'un marché national ouvert sur le monde. Les villes grandissent, les usines se multiplient, les régions agricoles se spécialisent. Cette nouvelle géographie ne fait toutefois pas disparaître les formes du passé.

Le taux annuel de croissance du produit national de la France était à peine supérieur à 1 % au cours du XIXe siècle, et à 1,5 % durant l'entre-deux-guerres. Cela nous paraît faible, mais la production fut multipliée par trois en valeur entre l'époque de Napoléon et la première guerre mondiale. Des mouvements lents, mais continus, ont finalement produit des changements importants.

L'essor national permet de renouer avec l'expansion outre-mer. Le Second Empire colonial français, constitué pour l'essentiel entre 1860 et la première guerre mondiale, renforce la puissance du pays et fait naître une nouvelle vision de l'économie et du commerce.

I. — De nouvelles conditions

Des bases écologiques renouvelées. — Le support écologique de la société qui s'industrialise devient double. Les aptitudes agricoles comptent encore beaucoup. Une part importante de la population demeure employée dans les fermes. Les rendements s'élèvent, mais sans réduire la pression sur les terres cultivables : l'alimentation change, la part faite à la viande et aux produits laitiers augmente. Comme il faut 5 fois plus de terre pour produire une calorie animale qu'une calorie végétale, tous les terroirs qui se prêtent à l'emploi des outillages nouveaux demeurent exploités.

A l'environnement agricole s'ajoute celui qui fournit les énergies fossiles et les minerais qu'utilisent les industries. Les potentialités de la France ne sont pas négligeables dans ce domaine, mais elles ne sont pas à la mesure de ses aptitudes agricoles. Les bassins houillers ont des structures fragmentées, des veines minces et des réserves limitées. La France n'a jamais disposé de l'abondance et du bon marché énergétiques qui ont fait la réussite de la Grande-Bretagne, de l'Allemagne ou de la Belgique au XIXe siècle. Les gisements français ont cependant suffi à l'essor de l'industrie lourde. Les activités de transformation ont également bénéficié de l'équipement des chutes d'eau, puis de l'hydro-électricité.

L'urbanisation et l'industrialisation perturbent l'environnement là où les populations s'accumulent. La qualité de l'eau consommée s'améliore néanmoins grâce aux conduites qui vont la chercher au loin, et aux égouts qui la rejettent après usage hors des agglomérations. Les fumées industrielles sont très polluantes et créent déjà des problèmes d'échelle régionale. Le surpeuplement des quartiers populaires rend l'habitat, privé de soleil, très malsain.

La France n'a que de faibles ressources en pétrole et en gaz naturel. La substitution des hydrocarbures au charbon aurait désavantagé le pays si le transport des nouvelles sources d'énergie ne s'était révélé moins onéreux que celui du charbon. L'environnement qui fournit les ressources indispensables à l'essor national s'élargit donc considérablement à partir de l'entre-deux-guerres. Il excédait déjà largement les limites du territoire national pour les produits alimentaires d'origine tropicale et pour l'essentiel des matières premières textiles et des métaux non ferreux. Cela devient vrai aussi pour les sources d'énergie. L'impact de cette mutation ne devient décisif qu'après la deuxième guerre mondiale.

Une croissance démographique mesurée. — La croissance démographique, qui a presque partout accompagné en Europe les progrès de l'agriculture et la révolution industrielle aux XVIIIe et XIXe siècles, s'est manifestée avec moins de force en France que dans les pays voisins. La mortalité est restée élevée. L'espérance de vie a cependant peu à peu augmenté.

La différence, d'une société à l'autre, vient des naissances. En France, les taux de natalité baissent dès la fin du XVIIIe siècle et s'effondrent ensuite. L'extension de la petite et moyenne propriété multiplie les comportements malthusiens dans le monde paysan. Des pratiques anticonceptionnelles étaient connues, avant 1789, dans les milieux évolués. La Révolution accélère leur diffusion. Dans les pays voisins, les taux de natalité se maintiennent à un niveau élevé. En France, ils passent de 35 ‰ au début du XIXe siècle à 25 ‰ vers 1880 et 20 ‰ à la veille de la première guerre mondiale. La chute continue jusqu'à 15 ‰ entre les deux guerres.

Au début du XVIIIe siècle, le Royaume de France comptait 20 millions d'habitants et le Royaume-Uni, 9. Au moment des guerres napoléoniennes, le rapport était de 26 à 16. A la fin du XIXe siècle, l'Angleterre a dépassé la France. Cette évolution affaiblit la position de notre pays. Avec une densité de 76 habitants au kilomètre carré en 1936, le territoire français apparaît comme sous-peuplé par rapport à celui de ses voisins. C'était un monde plein avant la révolution industrielle. Le progrès en fait paradoxalement un espace relativement vide.

Les Français ne participent guère aux migrations transocéaniques qui assurent, au XIXe siècle, la domination économique et culturelle des Anglo-Saxons. Elle devient un pays d'immigration.

II. — L'essor de la production manufacturière et la formation des régions industrielles

Le poids du charbon. — Les zones minières fixent la plupart des fabrications lourdes : à ses débuts, la machine à vapeur brûle beaucoup de charbon et les transports restent onéreux. En France, les gisements sont en partie situés dans des régions isolées du Massif central dont les petits bassins connaissent un démarrage précoce. Ceux de Montchanin-Le Creusot et de Saint-Etienne, proches de la vallée de la Saône ou du Rhône, s'intègrent dans une France où les courants de circulation sont actifs depuis longtemps, et où les voies navigables facilitent les transports. A Alès, à Carmaux, à Decazeville, à Montluçon, il en va différemment. L'industrialisation ne s'appuie pas sur des milieux d'affaires puissants ; son avenir apparaît limité dès que l'on prend conscience de la médiocrité des réserves.

On exploite la houille à Anzin, dans le Nord, depuis 1717, mais ce bassin ne devient le premier de France que sous le Second Empire : son prolongement sous des morts-terrains vers l'ouest, dans le Pas-de-Calais, n'est découvert qu'en 1847. L'essor de la grande industrie assise sur des ressources minérales puissantes attend les années 1860 dans le Nord (charbon), 1880 en Lorraine (fer). La France dispose alors de fabrications lourdes comparables à celles qui ont fait la puissance de la Grande-Bretagne au début du siècle, et des Etats-Unis et de l'Allemagne à partir des années 1860. Elles sont malheureusement implantées aux frontières de son territoire et restent d'échelle plus modeste que dans ces nations rivales.

Les villes et le crédit. — Les avatars de l'histoire ont plusieurs fois modifié la distribution des industries légères. A la veille de la Révolution, des manufactures s'ouvrent sous l'influence des ports de l'Ouest dans les vallées de la Garonne et de la Loire, et autour de Rouen. Les commerçants et les armateurs ont les moyens de financer le démarrage industriel. Les hostilités avec l'Angleterre, la perte de Saint-Domingue et le blocus continental les ruinent.

La France de l'Est et du Nord assure le relais, mais le mouvement est plus lent qu'en Grande-Bretagne : la houille n'est pas toujours proche et les conditions d'accès au crédit sont mauvaises. Un régime hypothécaire trop rigide ne facilite pas la mobilisation de la richesse foncière pour le financement de l'industrie. Les blocages cèdent sous le Second Empire. Les banques de dépôt qui apparaissent alors créent les instruments de crédit qui manquaient. Les milieux d'affaires disposent des atouts indispensables à la mise en valeur des ressources locales. C'est l'époque où les grandes villes prennent la tête du mouvement industriel. Elles bénéficient de bonnes liaisons ferroviaires. Des établissements de crédit s'y installent et facilitent la modernisation. Ils sortent parfois de leur rôle et prêtent aux entreprises de quoi s'équiper. Certains s'engagent imprudemment et le paient de faillites retentissantes. Le mouvement se poursuit cependant. Lille, Nancy, Mulhouse, Rouen et Grenoble tirent avantage de ces mécanismes pour s'industrialiser, ou industrialiser leurs régions. Lyon est le seul grand pôle dont le rayonnement régional devienne comparable à celui des grandes métropoles anglaises, allemandes ou américaines. La ville le doit à ses milieux d'affaires, aux industries textiles, à la fabrication des métiers à filer et à tisser et aux progrès de la chimie qu'appelle la teinture. Le Crédit lyonnais incarne cette réussite. Il transfère cependant son siège à Paris dès les années 1880.

Les emprunts d'Etat français ou étrangers sont si avantageux que le mouvement de centralisation parisienne des banques intervient trente à quarante ans avant qu'une évolution analogue ne se dessine à l'étranger. Les milieux financiers évitent, par prudence, d'aider les entreprises qu'ils connaissent mal. Il faut donc s'installer à Paris, près des banques et des banquiers, si l'on désire obtenir les crédits nécessaires pour innover. En conséquence, la France n'a pas vu fleurir la génération des grandes métropoles qui animent ailleurs le monde industriel déjà diversifié des années 1880 ou 1890.

La première industrialisation bénéficie surtout à la France prédéveloppée du Nord et de l'Est (fig. 8). Elle dispose d'une main-d'œuvre déjà formée et qui contribue, par les tours de main qu'elle maîtrise vite, au succès des nouvelles fabrications. Ces savoir-faire, transmis de génération en génération, ancrent parfois pour un siècle ou un siècle et demi l'industrie dans une région.

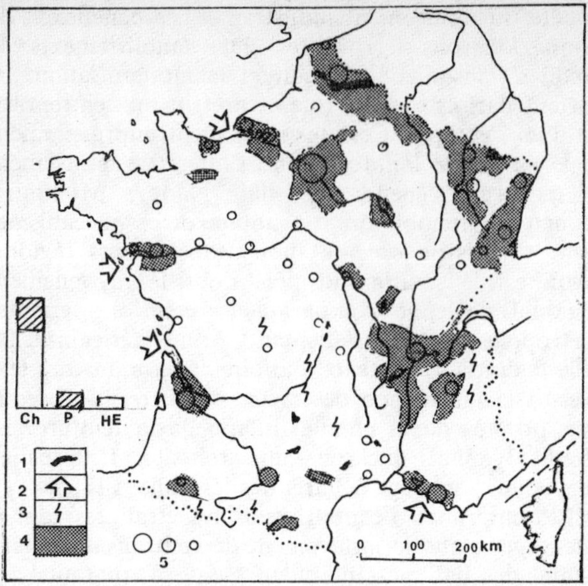

Fig. 8. — La France industrielle en 1930

1. Bassins houillers ; 2. Importation de pétrole ; 3. Hydroélectricité ; 4. Régions industrielles ; 4. Centres industriels, selon leur importance
Les consommations énergétiques (importations en grisé), Ch. Charbon (83 % du total) ; 2. Pétrole, 11 % ; 3. Hydroélectricité, 6 %

Le Nord et le Pas-de-Calais s'enrichissent grâce au charbon, à la sidérurgie (Maubeuge et Valenciennes), à la laine (Roubaix) et au coton (Lille et alentour). Dans l'Est, le coton fait la fortune de Mulhouse et glisse en partie, après l'annexion de l'Alsace, vers le versant lorrain des Vosges et la porte de Bourgogne. La sidérurgie transforme la Lorraine. Les industries légères du Jura se modernisent sans souffrir du manque d'énergie bon marché. Autour de Lyon, de Saint-Etienne et de

Grenoble se constitue un ensemble industriel remarquable pour une région dont les ressources houillères sont limitées, mais qui a su précocement mobiliser l'hydro-électricité. A la ligne Caen-Genève qui limitait la France prédéveloppée se substitue une ligne Le Havre-Marseille qui englobe la bordure du Massif central, la vallée du Rhône et les Alpes. Marseille, stimulée par l'essor de l'Empire colonial, est devenue un grand port industriel.

L'émergence de nouvelles industries et de nouvelles régions industrielles. — La nature de l'industrie change progressivement. Aux textiles, à la sidérurgie, aux industries du feu s'ajoutent des fabrications mécaniques qui se diversifient, une industrie chimique que la recherche sur les produits organiques stimule, et la gamme sans cesse élargie des équipements électriques. A l'étranger, ces branches s'installent là où les fabrications s'accumulaient depuis un demi-siècle. Cela donne naissance à des régions industrielles de structure complexe, où se multiplient les économies externes. En France, le processus bénéficie presque exclusivement à Paris, à la région lyonnaise et à la Basse-Seine. Le premier conflit mondial en est responsable. L'effort de guerre implique des investissements massifs dans l'armement, la construction mécanique, l'aviation et la chimie. Les régions industrielles du Nord ou de l'Est sont occupées, ou trop proches du front pour qu'il soit raisonnable d'y installer les nouvelles usines.

La paix revenue, en 1918, rares sont les entreprises qui comme Peugeot ramènent leurs fabrications de guerre vers leur région d'origine (de Paris à Sochaux). Sur le plan des nouvelles fabrications, c'est vraiment Paris (un peu Lyon et Grenoble) et le désert français. La France industrielle (voir fig. 8 p. 62) est marquée d'un déséquilibre fondamental entre le Nord, l'Est et la région parisienne d'une part, le reste du pays d'autre part. Il y a une France des pays noirs, des corons, des fumées industrielles et des pollutions, et une France qui ne connaît que les effets indirects de la révolution industrielle.

A la veille de la seconde guerre mondiale, le gouvernement décentralise les industries stratégiques, ce qui crée enfin des foyers de développement moderne dans la France du Sud et de l'Ouest. Aux alentours de 1950, lorsque l'économie française entre dans une nouvelle phase de son histoire, les déséquilibres régionaux sont cependant plus forts que jamais.

Les nouvelles conditions de circulation. — Parallèlement au développement de l'industrie, de nouvelles infrastructures se mettent en place et créent des facilités jusqu'alors inconnues de circulation. L'évolution commence avant la révolution industrielle par la construction de canaux et du réseau des routes royales. Grâce à elles, Paris rayonne dès la fin du XVIIIe siècle sur tout le pays. Pour les produits de luxe, le marché national se met en place.

Les canaux construits dans la première moitié du XIXe siècle relient les grands bassins fluviaux. Le gabarit de ces liaisons et le débit irrégulier de certains axes, la Loire par exemple, limitent l'efficacité de cet ensemble. La lenteur du trafic et des structures commerciales peu agressives interdisent à la voie d'eau de lutter, sur beaucoup de liaisons, contre le chemin de fer.

Le réseau ferré, conçu dans les années 1830, est structuré en étoile autour de Paris. Confié à des compagnies privées, il est, pour les grands axes, construit en une génération, de 1840 à 1870. Le plan Freycinet, lancé en 1878, assure le financement des voies secondaires et la modernisation et l'extension des canaux, mais selon des normes insuffisantes pour un trafic moderne. La différence avec l'Allemagne est saisissante.

Une nation a besoin de communications rapides. Le réseau télégraphique est construit dans les années 1850 et 1860. A la fin du Second Empire, les grandes infrastructures qui ouvrent l'espace intérieur sont en place. Des travaux d'approfondissement des passes et de construction de bassins permettent aux principaux ports de s'adapter aux nouvelles conditions de la navigation et à la vocation impériale retrouvée de la France. Marseille et Le Havre sont les bénéficiaires d'un reclassement qui voit, pour la première fois depuis deux siècles, Bordeaux et Nantes rétrograder.

Jusqu'à la fin des années 1950, les infrastructures de circulation ne changent plus guère. L'essor de la circulation automobile fait une concurrence mortelle au réseau ferré secondaire construit après 1880. Beaucoup de lignes sont abandonnées dès avant la seconde guerre mondiale.

III. — Les mutations de l'espace agricole

A chaque étape de la mise en place des nouvelles infrastructures de transport, l'espace agricole se modifie. Le temps des autarcies locales est fini. Chaque région tire parti des avantages qu'elle possède, se spécialise et renonce à ce pour quoi elle est moins bien dotée. Les polycultures traditionnelles reculent. Les populations sont contentes de s'affranchir des consommations alimentaires imposées par le milieu : le pain blanc remplace le pain bis et l'habitude se prend, en ville d'abord, de consommer du sucre, de boire du vin et de manger régulièrement de la viande de boucherie.

Les progrès viennent de la suppression de la jachère qu'autorise la généralisation des cultures sarclées et des légumineuses fourragères. La consommation d'engrais ne débute qu'avec la révolution des transports, et demeure presque partout faible jusqu'à la seconde guerre mondiale. La machine à vapeur est trop lourde pour être utilisée dans les champs, mais elle facilite le dépiquage des grains. L'outillage est plus performant, les charrues en particulier. Vers la fin du XIXe siècle, les faucheuses mécaniques et les premières moissonneuses attelées font leur apparition. Ces innovations réduisent la demande saisonnière de travail. Elles contribuent à la première vague d'émigration rurale, faite de paysans sans terre et d'artisans ruinés par la concurrence de l'industrie. Les campagnes deviennent plus agricoles que par le passé.

Avant les années 1950, la modernisation respecte le cadre des paysages agraires traditionnels. Les contraintes d'assolement collectif disparaissent des *openfields* sans que l'on procède à des remembrements. A partir des années 1880, les paysans peuvent enclore leurs terres de fils de fer barbelés sans en modifier l'assiette. L'agriculture est installée dans un paysage apparemment immuable — on parle de l'ordre éternel des champs — alors qu'elle est en pleine mutation. Les structures agraires ne se transforment guère que sur les plateaux du centre et du nord du Bassin parisien.

Le choc de la modernisation est brutal, car la concurrence des producteurs étrangers est féroce. Les grains de Russie puis ceux d'Amérique arrivent dans les ports français à des prix qui ruinent les agriculteurs qui n'ont que ces produits à vendre. Les vignobles, qui tirent profit de l'élargissement du marché national, sont tour à tour touchés par l'oïdium et le phylloxéra venus d'Amérique : beaucoup des petits crus de la France moyenne disparaissent pour un demi-siècle. Les profits ne se maintiennent que pour les producteurs de betterave (les cours du sucre restent élevés), et ceux de viande, de lait et de denrées dérivées (qui se transportent encore mal). Une nouvelle géographie de la prospérité rurale se dessine. Le centre et le nord du Bassin parisien et la région du Nord se tournent vers l'assolement blé, betterave, plantes sarclées, « la grande culture » rémunératrice grâce au sucre et à l'élevage. Le Midi languedocien se couvre du plus grand vignoble de masse que l'on ait jamais vu. Les primeurs et les vergers s'étendent en Roussillon, dans le Vaucluse, dans le Var, les fleurs autour de Grasse. La Normandie, les plateaux du nord du Massif central, le Jura et les Alpes se tirent d'affaire grâce à la viande ou au lait. L'extension des prairies artificielles oriente le Centre-Ouest vers le beurre. Ailleurs, dans le sud-est du Bassin parisien ou en Aquitaine, la crise est profonde. Dans beaucoup de régions, les terres difficiles et les pentes fortes aménagées en terrasses sont abandonnées.

Jusqu'à la fin de la seconde guerre mondiale, le monde rural peut encore choisir une autarcie de survie. C'est souvent l'option retenue dans le Sud-Ouest et dans le Massif central. Dans l'Ouest breton et vendéen, le repliement s'accompagne d'une extension des emprises cultivées, de la quasi-disparition des landes, et d'une augmentation de la production et de la consommation familiales.

La modernisation secoue rudement le monde rural. Au cours des premières phases de l'évolution, avant que les chemins de fer secondaires n'achèvent de bouleverser les conditions de vie et de transformer les migrations temporaires en émigration définitive, les populations paysannes réagissent en affirmant leur identité. Le mouvement de différenciation des folklores ne s'arrête que dans les années 1880 : en Bretagne, les coiffes féminines sont de plus en plus originales et variées au fur et à mesure que le siècle avance.

IV. — Les nouvelles structures d'encadrement

Dans le courant du XIXe siècle, la France devient une économie nationale. Toutes les régions participent aux échanges internes, cependant que le volume du commerce international augmente. Cette mutation implique de nouvelles structures d'encadrement. Le rôle moteur revient aux grandes organisations, administrations publiques ou firmes industrielles, commerciales, bancaires ou de transport.

L'économie de prélèvement ne disparaît pas : la rente foncière constitue une source recherchée de revenus jusqu'à la grande crise agricole de la fin du siècle. Elle assure des rentrées régulières. La possession de terres, d'un château ou d'une maison bourgeoise confère un statut volontiers recherché. Les petits centres des régions rurales ont toujours un rayon foncier d'où provient une part de leurs revenus, mais beaucoup de familles aisées s'installent dans des agglomérations plus importantes, où les services et les écoles sont meilleurs.

Les services publics jouent un rôle grandissant. Grâce à l'école, à la poste et aux ponts et chaussées, l'Etat ou le département sont présents par des personnels qu'ils rémunèrent dans toutes les communes. La Révolution a supprimé la vénalité des offices : le concours ouvre la fonction publique à toutes les classes ; beaucoup y voient un instrument de promotion sociale. Dans les régions où manquent les emplois industriels, les parents s'attachent à donner une bonne instruction aux enfants. Une inversion des niveaux de formation s'esquisse ainsi dès le début du XXe siècle : la France prédéveloppée du Nord et de l'Est, où l'école avait pénétré plus tôt, reste le pays des études courtes, limitées aux classes primaires, car on part jeune travailler à l'usine. La France de l'Ouest, du Centre et du Sud devient celle des études longues et se transforme en pépinière de fonctionnaires. Le monde nouveau pénètre ainsi l'ensemble de la population par des voies différentes. Les rythmes sont inégaux, mais on ne peut pas parler de régions sous-développées, exclues de la modernisation

Les niveaux supérieurs de la fonction publique continuent à attirer les élites foncières qui envoient leurs enfants au lycée pour leur donner des chances de réussir aux concours : la collusion de ces deux groupes, si marquée aux derniers siècles de l'Ancien Régime, se maintient.

L'instauration d'un régime parlementaire de démocratie représentative crée un nouveau personnel d'encadrement. Dans la France rurale, il se recrute, tout au long du XIXe siècle et souvent fort avant dans le XXe, dans les grandes familles bien implantées — chez les propriétaires fonciers donc. Mais la gamme s'élargit peu à peu : les médecins, les professeurs et les instituteurs deviennent plus nombreux au fur et à mesure que l'on avance dans l'histoire de la IIIe République. Dans les régions industrielles, les notables, à la fin du siècle passé, sont souvent des patrons. Ils fournissent les maires, les conseillers généraux et les députés des régions les plus transformées par la montée du secteur secondaire.

Les élites de l'entreprise sont largement indépendantes de celles de la terre et de la fonction publique. La rigidité du système hypothécaire et les mentalités qui lui sont liées l'expliquent. Les nouveaux dirigeants de l'industrie et du commerce se sont souvent formés sur le tas. Ils appartiennent, dans certaines régions, à la minorité protestante, exclue de la fonction publique sous l'Ancien Régime. Dans la mesure où l'industrie française repose sur des affaires familiales, la tradition de l'entreprise se transmet ensuite de génération en génération. Cela explique la formation de bourgeoisies d'affaires solidement enracinées dans les villes qui marchent avec leur siècle, attirent les usines ou dirigent celles des régions alentour. A ces milieux s'ajoutent ceux du négoce, de la banque et, dans les ports, de l'armement. A l'origine, la France industrielle est décentralisée.

Les contraintes qui gênent l'essor des affaires en province sont pourtant réelles. Il est plus facile de trouver à Paris les capitaux et les hommes nécessaires aux grandes entreprises. Celles-ci recrutent leurs ingénieurs dans les grandes écoles parisiennes. Leurs dirigeants sont issus des milieux qui dominent la vie économique et politique du pays et sont fixés à Paris. Certains appartiennent à de vieilles familles assises sur la grande propriété, ou dont les membres ont fait carrière dans la fonction publique ou au Parlement. La fusion des élites françaises est déjà en cours.

La haute société parisienne se renouvelle plus que d'autres. Elle le doit au mouvement qui amène à chaque génération de nouveaux dirigeants à s'installer dans la capitale, et à la politique matrimoniale qui permet, grâce aux listes de bal qui circulent dans le XVIe arrondissement, d'inviter de brillants élèves des grandes écoles : ne constituent-ils pas de beaux partis pour les jeunes filles ? Les dynasties se poursuivent ainsi de père en gendre, avec un afflux de sang neuf à chaque génération.

La machine centralisatrice parisienne comporte plusieurs étages. Elle a un fondement symbolique : c'est par Paris que la France existe ou se fait. Le système administratif construit depuis Richelieu, et que la Révolution et Napoléon ont rationalisé, la renforce. Le tracé du réseau des routes et des grands itinéraires ferroviaires la favorise. Son efficacité tient aussi à l'enseignement supérieur français qui confie la préparation des futurs cadres de l'industrie aux grandes écoles. Les métropoles régionales ne peuvent coupler, comme cela se fait alors en Allemagne, grande industrie et recherche. Les quelques villes qui parviennent à se doter de structures à l'allemande — Lille dès la seconde moitié du XIXe siècle, Grenoble au début de notre siècle — leur doivent leur dynamisme.

Les grandes écoles n'ont pas vocation à la recherche. L'Université ne dispose ni des crédits, ni des laboratoires, ni des équipes soudées nécessaires. La recherche appliquée est le fait de quelques initiatives industrielles ou individuelles. Les Français se montrent inventifs dans beaucoup de domaines, mais le passage à l'exploitation industrielle est mal assuré.

V. — Le mouvement d'urbanisation et les nouveaux modes de vie

L'urbanisation est la conséquence normale d'une agriculture plus efficiente, d'activités de transformation stimulées par l'usage des nouvelles forces motrices, et d'échanges multipliés. En l'absence de forte poussée démographique et de vagues brutales d'industrialisation, elle prend en France un caractère progressif. Il faut attendre les années 1930 pour que la population des villes l'emporte sur celle des campagnes. Le gain de population urbaine entre 1800 et 1946 n'excède pas celui intervenu entre cette dernière date et 1976 : on mesure mieux, à cette comparaison, la lenteur de l'évolution.

La croissance bénéficie aux nouveaux foyers industriels, mais l'industrialisation s'accompagne d'une poussée générale des échanges et de la mise en place de structures administratives plus lourdes. L'urbanisation profite ainsi largement aux centres anciens. Il faut davantage de négociants pour collecter et répartir la production agricole, de commerçants pour distribuer les produits manufacturés, et de médecins et de professeurs pour répondre aux besoins de classes moyennes dont les effectifs se multiplient. Cela se traduit, dans le paysage urbain, par le développement, autour de la gare, de nouveaux quartiers où l'on trouve, par petits ensembles, des entrepôts, des ateliers, des usines, et des villas qui abritent les nouvelles élites. Le commerce reste lié aux artères plus anciennes, ou aux enceintes de boulevards dégagées au XVIIIe siècle et qui attirent les magasins nouveaux et les classes aisées ; il anime aussi la rue de la gare.

La croissance que déclenche la révolution industrielle se traduit par une extension considérable des périmètres construits. Il n'y a plus de fortifications (en dehors des régions frontalières et de Paris entre 1840 à 1918). Les transports en commun et, dès l'entre-deux-guerres, l'automobile accroissent la mobilité quotidienne. Cela permet, à la périphérie, un desserrement des constructions, villas ou pavillons au milieu de jardins. La ville française reste cependant plus dense que ses homologues anglo-saxonnes. Une partie des gens riches glisse vers des banlieues bien dessinées, mais ce sont plutôt les classes moyennes ou les populations ouvrières qui s'installent en périphérie.

La différenciation des conditions et la poussée industrielle s'accompagnent de la mise en place d'une géographie sociale contrastée, le Paris populaire à l'est, celui des classes bourgeoises à l'ouest, par exemple. L'évolution n'aboutit cependant jamais à des formes dures de ségrégation. La qualité du bâti varie en fonction du niveau moyen des revenus. Les quartiers populaires sont, jusqu'aux dernières années du XIXe siècle, si mal construits et équipés qu'une politique de logements sociaux finit par s'imposer.

Les techniques nouvelles dans le bâtiment, les travaux publics et les transports auraient dû permettre de résoudre la plupart des problèmes entraînés par la croissance et l'étalement des agglomérations : la construction de réseaux d'égouts et d'adductions d'eau améliore l'hygiène collective, la mise en place de transports en commun favorise l'étalement et assure l'accessibilité aux centres sans qu'il soit nécessaire de les restructurer complètement. Mais la Révolution et le Code civil ont laissé les municipalités sans armes pour contrôler l'urbanisation. Il faut attendre le Second Empire, l'impulsion donnée par Napoléon III et les talents d'organisateur d'Haussmann, pour qu'un urbanisme adapté à la société industrielle soit élaboré. Les solutions imaginées à Paris sont reproduites en province — ce qui conduit à la banalisation des formes.

Un nouvel art de vivre s'exprime à travers le Paris d'Haussmann. Toute la population n'a pas accès au confort et à l'hygiène, mais tous partagent la rue, les cafés, beaucoup fréquentent les théâtres et les cafés-concerts. Une partie des quartiers animés des centres-villes de la France actuelle date de cette époque et en perpétue l'atmosphère.

Le nouvel art de vivre s'accompagne du développement du tourisme. Sous l'influence anglaise, les Français découvrent leurs montagnes et leurs côtes, cependant que les stations thermales sont de plus en plus fréquentées. L'urbanisation touche ainsi des secteurs de l'espace national où les villes étaient rares. Nice, Cannes, Biarritz, Arcachon, La Baule, Deauville, Le Touquet, Vittel, Vichy, Aix-les-Bains ou Chamonix offrent le cadre le mieux adapté au style d'existence que la France invente alors.

Le modèle haussmannien a cependant épuisé sa fécondité dès la fin du XIXe siècle. Pendant cinquante ans, la société française reste incapable de faire face aux tensions qui naissent de la poursuite de la croissance urbaine.

VI. — L'organisation régionale de l'espace

La révolution industrielle a modifié l'équilibre territorial du pays, mais sans rompre avec certaines des bases de son organisation traditionnelle (voir fig. 8, p. 62). La société est encore accrochée à la terre. C'est toujours à partir du bas, de l'agriculture et désormais des ressources minières, que se construit l'économie et se met en place l'organisation géographique. La France garde la trame régulière de peuplement commandée par l'exploitation des terres, mais certaines régions se dépeuplent et les déprises se multiplient là où le travail est trop difficile. Dans le même temps, les concentrations industrielles introduisent, dans la France de l'Est et du Nord, sur les marges orientales du Massif central et dans la région lyonnaise, des accumulations sans exemple jusqu'alors.

Le rapport aux ressources traditionnelles ou modernes se desserre, comme en témoigne l'urbanisation. La hiérarchisation croissante des centres traduit une liberté géographique plus grande : les gens vivent plus loin des bases qui produisent leur nourriture et assurent énergie et matières premières à l'industrie. Les facilités d'investissement que les banques ont un temps offertes aux métropoles régionales et réservent de plus en plus à Paris vont dans le sens de ce jeu plus large avec le cadre physique. Celui-ci retrouve du poids, mais pour d'autres raisons, dans les zones touristiques : la qualité des paysages, les agréments du climat et l'organisation des loisirs deviennent des ressources.

L'industrialisation a renforcé l'importance relative de la France du Nord, de l'Est et du Sud-Est. A la fin du XIXe siècle, c'est le long d'un axe qui court de Lille et du Havre à Paris, Lyon et Marseille qu'il faut s'installer si l'on veut toucher aisément l'ensemble de la clientèle française. A l'époque où la révolution industrielle redonne tout son poids au corridor central qui va, en Europe, du bassin de Londres à l'Italie du Nord en passant par les pays rhénans, la France se construit sur un axe parallèle et un peu décalé vers l'ouest. Mais pour les fabrications industrielles lourdes, la sidérurgie en particulier, les forces vives de la France se trouvent sur l'axe majeur européen.

Les provinces d'Ancien Régime ont perdu leurs fonctions administratives et politiques au moment de la Révolution. La structure administrative favorise une hiérarchisation à trois niveaux, le centre local (chef-lieu de canton), la petite ville (chef-lieu d'arrondissement), la ville centre importante (le chef-lieu départemental), mais la place tenue par l'industrie et le commerce perturbe cette géométrie trop simple. Un quatrième niveau, celui de la métropole régionale, existe, mais sans reconnaissance officielle.

La vie régionale s'appuie sur des centres capables d'offrir aux populations alentour, campagnes et petites villes confondues, les services de plus en plus variés dont elles ont besoin, et de structurer par leur presse un espace de large intercommunication. Les classes qui vivent de leurs revenus fonciers et la plupart des chefs d'entreprise sont suffisamment enracinés pour prendre au sérieux le rôle d'animation qui leur revient.

L'urbanisation française reste plus limitée que celle d'autres pays. Rares sont les agglomérations promues par la révolution industrielle au point d'attirer la clientèle et les activités dans un large rayon. Les capitales provinciales d'autrefois deviennent donc des métropoles régionales incomplètes, mais capables de donner une impulsion à des secteurs étendus. Les nouvelles formes de l'organisation régionale se coulent, dans une partie du pays, dans les régions historiques : c'est toujours Limoges qui s'impose en Limousin et Clermont-Ferrand en Auvergne. Les constructions régionales à base urbaine ne donnent naissance à une organisation nouvelle que dans le Nord, autour de Lyon, de Toulouse, et des grands ports, Rouen, Nantes, Bordeaux, et Marseille.

La prééminence de Paris s'affirme de plus en plus. Entre les deux guerres mondiales, la capitale attire la quasi-totalité du maigre gain démographique national.

Les inégalités régionales de densité et de niveaux de vie se sont accentuées, mais sans qu'il reste d'ensembles sous-développés Les progrès de l'intégration nationale se lisent d'ailleurs à la diffusion du français, instrument d'une promotion sociale que tous recherchent.

VII. — Conclusion

La France a été moins vite et moins totalement bouleversée par la révolution industrielle que d'autres pays européens. Les marques des organisations traditionnelles de l'espace y sont restées plus visibles et sur des superficies plus importantes — la quasi-totalité de la France rurale.

A l'homogénéité globale qui résultait, dans la France préindustrielle, de la pression sur les ressources, s'est substituée une organisation qui assure à tous des possibilités d'intégration sociale, mais crée des inégalités spatiales de plus en plus marquées. La diversité qui en résulte se traduit au moment des consultations électorales : les partis de masse attirent beaucoup de suffrages dans les concentrations urbaines et industrielles ; les partis de notables représentent plutôt les régions demeurées rurales. Les traditions locales expliquent aussi l'orientation à droite ou à gauche. Elles rendent compte de l'extraordinaire stabilité des mentalités : l'Ouest vote à droite, le Sud-Ouest est radical, etc. Cela n'exclut pas, à Paris en particulier, un extraordinaire bouillonnement des idées, la profusion des socialismes, les premières manifestations de la pensée d'extrême droite, et l'invention de formes de vie et d'art qui fascinent tout l'Occident.

La modernisation n'exclut pas la mesure et n'efface pas la civilisation traditionnelle dans la France de l'âge industriel. C'est un grand pays par la politique internationale qu'il mène et qui assure sa présence sur toutes les mers du monde. Il faut en payer le prix : le poids très lourd des structures administratives est sans doute pour quelque chose dans la réussite assez médiocre de l'industrialisation et le retard relatif de l'agriculture.

Chapitre V

LA FRANCE A L'HEURE DU MARCHÉ COMMUN ET DE LA MONDIALISATION DE L'ÉCONOMIE

La France a plus changé depuis 1945 qu'au cours du siècle et demi précédent. La croissance économique atteint 4 à 5 % par an durant les Trente Glorieuses (1945-1975 ; l'expression est de Jean Fourastié). La population française gagne alors 12,5 millions d'habitants, l'exode rural s'accentue, la production agricole enfin mécanisée augmente, mais mobilise des effectifs de plus en plus réduits. L'industrialisation progresse et touche de nouvelles régions. L'urbanisation s'emballe. Le niveau de vie est multiplié par 3 en trente ans. Parallèlement, des transferts de revenus sans comparaison avec ceux du passé bénéficient aux personnes âgées, aux familles chargées d'enfants, aux étudiants et aux chômeurs.

Depuis le début des années 1970, difficultés et incertitudes s'accumulent. Les deux chocs pétroliers sont durement ressentis car l'économie est très dépendante des hydrocarbures. Le produit intérieur continue cependant à croître de 1 à 2 % par an, mais de manière irrégulière. Il est aujourd'hui supérieur de 50 % à ce qu'il était en 1970. On produit plus en 1992 qu'en 1972, mais il y a 3 millions de chômeurs, des centaines de milliers de jeunes désœuvrés, des cadres compétents laissés pour compte.

La transformation des structures se poursuit à un rythme rapide. Des branches entières de l'industrie périclitent, cependant que d'autres apparaissent. La crise frappe maintenant le secteur agricole. Dans le même temps, la qualité générale de la vie, la variété des paysages et l'extraordinaire densité des hébergements confirment la vocation touristique du pays.

Le retournement de conjoncture de 1973 coïncide avec un climat nouveau de compétition. Depuis les années 1890, la France s'était protégée des turbulences de la concurrence et des marchés internationaux. Après la seconde guerre mondiale, elle opte, non sans hésitation, pour une ouverture plus large.

Le conflit était en partie issu du protectionnisme désordonné des grandes puissances. Les Alliés décident en 1944, à Bretton Woods, de revenir au libéralisme. L'accord général sur le commerce et les tarifs douaniers (GATT), conclu en 1948 à La Havane, crée une structure pour promouvoir le désarmement douanier des économies nationales. Celui-ci ne cesse de s'affirmer.

L'idée d'union européenne aboutit en 1951, grâce à ses avocats français, Jean Monnet et Robert Schumann, au lancement de la Communauté européenne du Charbon et de l'Acier (CECA), puis en 1958 à celui de la Communauté économique européenne. Le destin français s'inscrit dans un espace d'abord élargi à 6 pays (Allemagne, Benelux et Italie, en sus de la France), puis à 9 (Grande-Bretagne, Irlande et Danemark, en 1972), à 10 (Grèce, en 1979) et à 12 (Espagne et Portugal, 1986). La réunification de l'Allemagne, en 1990, porte la population de la Communauté économique européenne à 345 millions d'habitants.

L'agriculture a tiré un large bénéfice de la Communauté : la Politique agricole commune garantissait des prix rémunérateurs pour les céréales, le sucre, le lait, etc. La production a rapidement augmenté et la France s'est créé des débouchés extérieurs importants en partie grâce aux aides à l'exportation.

L'application des accords négociés dans le cadre du GATT fait que dans bien des secteurs la Communauté économique européenne ne dispose d'aucune protection. L'aide aux exportations agricoles est condamnée par les négociations actuelles. Pour comprendre la France d'aujourd'hui, il faut saisir les transformations qui ont été de pair avec la mondialisation de l'économie, et qui ont abouti à une restructuration complète de sa géographie.

I. — Les transformations de la vie économique

Nous sommes à l'âge postindustriel. L'industrie n'a pas disparu, mais deux actifs sur trois sont employés dans les services. Quelles sont les dimensions géographiques de cette mutation ?

Une base technique plus scientifique. — Depuis 1940, le progrès scientifique a transformé l'univers technique. Celui-ci mettait souvent en œuvre des recettes plus que des connaissances rationnelles. Des instruments de mesure plus performants et les nouveaux savoirs substituent aux tours de main d'hier des procédures parfaitement contrôlées. Une déqualification souvent brutale frappe les travailleurs dont les savoir-faire reposaient sur un apprentissage de type traditionnel. L'école, le lycée et l'université, que complète la formation permanente, ont désormais la responsabilité de former aux métiers modernes.

Le système scolaire ne peut répondre à cette tâche qu'en gardant les élèves plus longtemps (26 000 reçus au baccalauréat en 1946, contre 384 000 aujourd'hui !).

Beaucoup d'adolescents vivent donc dans les villes dotées de lycées et d'établissements d'enseignement supérieur.

Mutations technologiques, gains de productivité, mobilité et communications. — La révolution industrielle est née de la machine à vapeur, mais son impact est demeuré limité tant que l'énergie se transportait et se divisait mal. L'électricité et le moteur à explosion ont apporté dans ce domaine la souplesse qui manquait. Leurs conséquences géographiques majeures s'affirment dans les années 1950. Le tracteur entraîne alors la motorisation des campagnes, cependant que les appareils électroménagers révolutionnent la tenue des ménages. Les besoins de main-d'œuvre baissent dans l'agriculture ; l'exode rural touche les cultivateurs dont les exploitations sont trop petites pour se prêter à l'usage des machines. Les tâches domestiques sont allégées : en milieu urbain, la proportion des femmes dans la population active ne cesse de croître.

Les formes divisibles de l'énergie bouleversent les conditions de circulation. L'automobile élargit la mobilité individuelle. Le rayon dans lequel s'inscrit la vie quotidienne des Français est multiplié par dix. L'évolution, accélérée à partir des années 1950, favorise l'étalement en nappe des agglomérations, accroît l'engorgement de leurs noyaux historiques et suscite l'apparition de centres commerciaux et directionnels à leur périphérie. La commune, à laquelle les Français demeurent malgré tout attachés, ne correspond plus au cadre dans lequel s'inscrit la vie quotidienne de la majorité d'entre eux.

L'essor des transports aériens — et plus récemment, et sur de plus courtes distances, des trains à grande vitesse — raccourcit les distances-temps et facilite les contacts. La localisation groupée des établissements d'une firme reflétait généralement les difficultés de communication. Grâce aux transports rapides et aux télécommunications, il est maintenant aisé de diriger des établissements dispersés : il suffit qu'ils soient proches d'un aéroport bien desservi ou d'une gare de TGV.

Jusqu'à la fin de la seconde guerre mondiale, la mise en œuvre de quantités de plus en plus massives d'énergie était le seul moyen d'augmenter la productivité du travail : le progrès dépendait de la multiplication des économies d'échelle et aboutissait à la parcellisation des tâches dans les chaînes de production. L'électronique et l'utilisation de mécanismes de rétroaction rendent les machines intelligentes. En dehors de l'industrie lourde, sidérurgie ou pétrochimie, la productivité n'est plus liée à l'utilisation de quantités croissantes d'énergie, et donc au gigantisme des installations industrielles.

L'informatique rend aisés la notation des opérations, la gestion et les calculs ; elle s'appuie sur de nouvelles formes de mémorisation et rompt le monopole de l'écrit ; elle bouleverse le secteur tertiaire et y provoque des gains spectaculaires de productivité.

Augmentation des niveaux de vie, prélèvements, redistribution et emploi. — L'augmentation générale de la productivité permet une élévation substantielle des revenus et une diminution de la durée du travail. La vie active commence plus tard, avec la scolarité allongée obligatoirement jusqu'à 16 ans, et très largement jusqu'à 18, 20 ou 25 ans, et s'arrête plus tôt, avec l'avancement de l'âge de la retraite. Elle est coupée de congés plus longs. Une part substantielle des revenus bruts (44 %) est prélevée par l'impôt et les cotisations sociales. Elle finance des services publics aux effectifs progressivement gonflés, assure le paiement des pensions, des allocations familiales et des dépenses médicales, et assure l'indemnisation du chômage.

La population active engagée dans l'agriculture a décru d'autant plus vite que les gains de productivité y ont été rapides grâce aux tracteurs, aux engrais et à la sélection végétale et animale. Le secteur secondaire a d'abord gagné des emplois, car la demande de biens d'équipements et de produits fabriqués de consommation augmentait rapidement et se diversifiait. Depuis la fin des années 1960, le déclin est d'autant plus rapide qu'il résulte à la fois des progrès de la productivité et de la concurrence des importations. La diminution des actifs des secteurs primaire et secondaire a été compensée par l'essor du secteur tertiaire.

Il y a une autre manière de présenter cette évolution. Les qualifications et les tâches de l'agriculture et de l'industrie ne ressemblent plus à celles d'autrefois. Une partie de la main-d'œuvre qui y est employée manipule de l'information ou participe à des actions de communication, comme c'est le cas dans les services. Les actifs qui traitent des informations représentent plus de 60 % de l'emploi. C'est une proportion considérable. Elle aide à comprendre l'ampleur des mutations géographiques des trente dernières années.

Le poids croissant de la consommation. — Avec des revenus plus élevés, la consommation se diversifie et pèse différemment sur les localisations. Les ménages disposent de plus de temps libre et deviennent sensibles à la qualité des produits, à la multiplicité des services, à la gamme des distractions et à l'agrément du milieu.

Les loisirs se déroulent volontiers plus loin grâce aux facilités de transport, mais il n'est pas question d'aller à plus de 50 km pour une soirée ou à plus de 200 km pour un week-end en voiture. L'environnement des vacances plus longues s'est considérablement étiré, mais l'essentiel des déplacements demeure circonscrit dans un rayon de 1 000 km autour du lieu de résidence. La France demeure un horizon essentiel pour les vacances de ses habitants, comme pour celles de ses voisins de la Communauté.

Pour ceux dont les activités ne sont soumises à aucune contrainte d'approvisionnement, la qualité de l'environnement devient un élément clef dans le choix des localisations. Pour recruter la main-d'œuvre rare dont ils ont besoin, les entrepreneurs s'installent dans les secteurs où elle désire vivre. Le Nord-Est ne recueille guère de suffrages. L'Ouest fait mieux, le Sud-Ouest est en hausse. La région parisienne est toujours appréciée. Le Sud-Est réalise les plus beaux scores ; les Alpes y sont aussi recherchées que la Provence littorale. Montpellier et Annecy sont les deux villes moyennes les plus attractives.

On ne peut mettre en place partout les équipements et les services que les gens exigent : ils ne sont justifiés que pour des effectifs suffisants. Cela introduit des effets de seuil. A plus de 20 km d'un centre, et à moins de 20 habitants au kilomètre carré, les dessertes sont si mauvaises que beaucoup de ménages préfèrent partir. Entre 20 et 100 habitants au kilomètre carré, les gens restent lorsque le travail est là, mais les services proches ne sont pas assez variés et complets pour attirer les retraités ou ceux qui peuvent tirer parti des nouvelles possibilités de télétravail. A plus de 100 habitants au kilomètre carré, les services sont déjà de type urbain : on parle d'ailleurs de zone rurbaine.

Les Français passent de plus en plus de temps à regarder la télévision. La diffusion des informations ne repose plus uniquement sur l'écrit. Cela modifie les conditions de transmission de la culture. Au doublet culture populaire/culture élitaire se substitue le tandem culture de masse/cultures techniques. Il ne façonne pas le même type d'hommes, et ne conduit au même type de régulation sociale.

II. — L'Etat, l'environnement et la population

Le rôle de l'Etat. — Les forces qui restructurent le pays doivent beaucoup à l'Etat. La société libérale de l'entre-deux-guerres n'avait pu surmonter la crise faute de volonté politique fermement exprimée. Par réaction, l'interventionnisme demeure à la mode aussi bien à droite qu'à gauche jusqu'aux années 1980.

L'Etat dirige directement des pans entiers de l'économie comme conséquence des nationalisations de 1936-1937, de la Libération, puis de 1982. A travers le Conseil national du crédit, la Banque de France, les banques nationalisées et la Caisse des dépôts et consignations, le gouvernement contrôle la monnaie et se donne les moyens d'orienter les investissements vers les secteurs qu'il considère comme stratégiques. A partir des années 1950, le Commissariat au plan (dont le rôle diminue dans les années 1970) les lui désigne.

La priorité est d'abord donnée à la production d'énergie nationale, charbon et électricité. Au début des années 1950, l'accent est mis sur le pétrole et le gaz naturel qui assurent une croissance plus rapide. Lors des chocs pétroliers, le pouvoir opte pour le nucléaire.

L'Etat veille dès la Libération à la modernisation du réseau ferré, mais laisse le pays prendre du retard dans le domaine des autoroutes (jusqu'à la fin des années 1960) et des télécommunications (jusqu'en 1974). Il assume le pari gagné du TGV, et joue un rôle décisif dans la décision d'établir un lien trans-Manche avec la Grande-Bretagne.

Le gouvernement pèse aussi d'un poids déterminant sur la qualification des hommes. Il décide à temps d'allonger la scolarité, favorise la diversification des enseignements supérieurs et met en place un système fort coûteux de formation continue. Il ne réussit cependant pas à donner à tous les jeunes les bases techniques indispensables dans notre société.

L'environnement de la France postindustrielle. — L'énergie est devenue si bon marché et les techniques de transport ont tant progressé que les ressources sur lesquelles reposent la société française ont cessé d'être, dans beaucoup de domaines, de provenance locale ou même nationale. Le pétrole, le gaz naturel et les minerais métalliques que nous consommons sont importés.

La société de consommation multiplie les rejets : plus de 200 l d'eaux usées par personne et par jour, 2 kg de matières solides, et des émissions gazeuses à la mesure du nombre d'automobiles. A cela s'ajoutent les effluents industriels. La pression exercée sur l'environnement s'est donc aggravée. Que faire de tous les déchets, ceux des centrales nucléaires en particulier ?

La productivité agricole a augmenté grâce aux engrais. Une pluviosité insuffisante empêchait souvent que leur application massive soit payante. L'irrigation progresse donc. Les régions méditerranéennes ne sont plus les seules à pratiquer l'arrosage. Les cultures le réclament dans le Bassin aquitain, le Centre-Ouest, le sud de la Bretagne et du Bassin parisien. Les nappes sont mises à contribution. Les eaux de lessivage finissent en retour par y élever la teneur en nitrates jusqu'à les rendre impropres à la consommation humaine. Les engrais dissous par les eaux de pluie se joignent aux effluents urbains insuffisamment traités pour menacer d'eutrophication les cours d'eau. Ceux-ci deviennent d'un vert profond dès que l'oxygène, consommé par les algues multipliées, commence à manquer l'été lorsque le débit baisse.

L'augmentation de la productivité du secteur primaire est telle que la demande solvable de produits alimentaires émanant de notre pays, de la Communauté ou du reste du monde ne nécessite plus l'utilisation de la totalité de l'espace français. Que faire des friches qui s'étendent ?

Dans les régions marécageuses du Midi méditerranéen, la prolifération des moustiques a longtemps gêné l'activité agricole et interdit le tourisme. L'essor actuel du littoral languedocien et de certains secteurs des côtes provençales serait impossible sans les programmes de démoustication qui les rendent propices l'été à la vie en plein air au prix d'une modification profonde des écosystèmes locaux.

La France a des densités relativement faibles, ce qui limite la pression sur l'environnement. Elle bénéficie de conditions climatiques généralement sans excès. Les risques de dégradation locale ou régionale des milieux n'y sont cependant pas exclus.

La population française et l'immigration étrangère. — Jusqu'en 1970, la population connaît une croissance soutenue avec des taux de natalité qui restent supérieurs à 17 ‰. Au mouvement naturel s'ajoute une immigration étrangère importante, de l'ordre de 100 000 personnes par an venues essentiellement d'Espagne, du Portugal et d'Afrique du Nord. L'industrie, le bâtiment et les travaux publics offrent des emplois peu qualifiés, mais fatigants, dangereux et médiocrement rémunérés : la croissance ne pourrait se faire sans les immigrés. Le regroupement familial est encouragé pour fixer ces travailleurs, dont on espère l'intégration dans la société française.

La crise venue, la population croît moins vite. Il y a moins d'enfants (davantage cependant que chez nos voisins européens). La natalité est soutenue par une politique familiale d'aides. Pour des raisons culturelles, elle reste forte dans les familles venues du Maghreb et de plus en plus, d'Afrique noire.

Les enfants du baby boom des années 1950 arrivent sur le marché du travail au moment où l'embauche diminue et où les classes qui partent à la retraite sont particulièrement peu nombreuses.

L'immigration étrangère est freinée, mais elle continue, avec des contingents annuels de plusieurs dizaines de milliers de déracinés qui cherchent tous les moyens de profiter de l'asile que la France offre encore généreusement aux *boat people* d'Indochine, aux Chiliens, aux Libanais et aux exilés des pays de l'Est.

La présence de ces groupes difficiles à intégrer dans un marché du travail en régression pose de réels problèmes. Les étrangers sont accusés de prendre le travail des Français. Les jeunes de seconde génération, handicapés par une mauvaise scolarité, se trouvent fréquemment au chômage. L'idéal de tolérance et d'ouverture de la société française est remis en cause. Une société pluriculturelle à ghettos est-elle en train de s'installer ?

III. — Vie sociale et encadrement territorial

On ne vit plus en France comme il y a cinquante ans : cela a entraîné un bouleversement des attitudes, des institutions et de l'équilibre spatial de la société.

Les ménages. — La famille a beaucoup évolué. L'urbanisation en est responsable, mais la transformation touche aujourd'hui les campagnes. Deux facteurs ont joué un rôle déterminant : l'allégement du travail domestique et les nouvelles formes de contraception.

Dans la société d'hier, la préparation des aliments, la tenue de la maison, le linge à laver, etc., prenaient un temps que les équipements électroménagers ont beaucoup réduit. Les réfrigérateurs et les congélateurs diminuent la fréquence des achats et mettent à la disposition des consommateurs des produits dont le conditionnement va plus loin que par le passé. On fait tout plus vite et plus facilement qu'autrefois, sauf élever les enfants —

ce qui alourdit la charge relative qu'ils représentent et contribue à la baisse de la natalité.

Celle-ci concerne désormais toutes les couches de la société. Les procédés modernes de contraception ont réduit les écarts de fécondité entre les milieux populaires et les classes aisées. Il y avait autrefois plus d'enfants en milieu rural qu'en ville. Cela n'est plus vrai. Le déclin des campagnes en est accéléré.

L'avenir des enfants dépend de leurs études. Lorsqu'ils ont à changer de domicile, les parents sont sensibles à la qualité de l'enseignement et à la variété des formations qu'offrent les localités entre lesquelles ils ont le choix. Toutes les fois où ils le peuvent, ils évitent de s'installer là où des ramassages scolaires longs et fatigants sont nécessaires.

Avec des ménages plus faciles à tenir, la décohabitation des générations s'est généralisée. Il faut davantage d'appartements, mais qui abritent moins de personnes. Sont-ils plus petits ? Ce n'est guère sensible : les augmentations de revenus passent en partie dans le logement. La nouvelle structure de la famille implique une politique de construction active et favorise l'étalement des agglomérations même en l'absence de croissance démographique.

Il est difficile au mari et la femme, s'ils sont tous deux qualifiés, de trouver de l'embauche dans de petites localités. Grâce à la voiture ou aux transports en commun, l'un des conjoints, ou les deux, parcourent aisément matin et soir vingt ou trente kilomètres. Les bassins d'emploi se sont élargis. Ils ne retiennent cependant les jeunes couples que s'ils offrent un marché du travail diversifié.

La fin des structures de classes. — Les conditions sociales différaient autrefois en fonction des revenus et des mentalités. Une barrière existait entre paysans, ouvriers et classes moyennes, une autre entre celles-ci et milieux dirigeants. On les franchissait, mais la promotion sociale prenait souvent deux générations — de la terre à un commerce ou à un emploi de fonctionnaire, de là aux milieux aisés. L'école était, depuis la IIIe République, un des moteurs de la mobilité sociale. Les milieux ruraux en tiraient largement parti.

Le monde ouvrier avait d'autres attitudes. Le quitter passait pour une trahison. L'idéal était de gagner sa vie aussi tôt que possible. C'était facile puisque l'embauche se faisait dès la sortie de l'école primaire. Le mariage venait après le service militaire, et la carrière était tracée.

Les employeurs recrutent aujourd'hui plus tard et demandent un bon niveau scolaire et technique. Le monde ouvrier a perdu son unité. Depuis le début des années 1960, les enfants issus de ce milieu font des études plus longues et l'accès à l'enseignement supérieur y est devenu plus fréquent.

A partir d'un certain niveau de revenu, les revendications des travailleurs changent. Ils réclament de meilleures conditions de travail, un cadre plus agréable, des possibilités pour leurs enfants et une vie culturelle active. En dehors des entreprises nationalisées, les ouvriers sont peu syndiqués. Le militantisme social a perdu de sa virulence depuis les années 1960. Les luttes sociales se sont déplacées. Elles portent volontiers sur la préservation de l'environnement, l'amélioration des logements et les problèmes scolaires. Toute la vie politique s'en trouve affectée : les partis traditionnels ont de la peine à adapter leurs programmes à ces nouvelles données.

Les consultations électorales reflètent ces évolutions. Les partis de notables reculent à cause de la modernisation des régions rurales, et les partis de masse par suite des nouvelles formes de structuration sociale. Les contrastes ne signalent plus l'écart entre régions industrielles et régions rurales, et entre traditions différentes au sein de ces dernières. Ils traduisent le poids différent des nouvelles formes d'urbanisation, et la plus ou moins grande stabilité de la société et de la population.

De nouvelles régulations sociales. — L'économie française est plus complexe qu'il y a un demi-siècle. Le gouvernement d'une société dont les besoins sont devenus très variés ne ressemble pas à celui du monde traditionnel. Le problème est d'assurer le fonctionnement d'une multitude de circuits spécialisés.

La diffusion des attitudes sociales se fait désormais à travers le cinéma, la télévision ou les vidéo-clips. L'administration se préoccupe davantage d'hygiène, de santé et d'instruction, services que le marché ne peut assurer, que d'encadrer la population. L'Etat et les collectivités locales gèrent certains secteurs de la société plus qu'ils ne la dirigent. Dans tout cela, il n'est pas question d'éthique. Peut-on s'en passer ? Certainement pas, comme le montre le désarroi des jeunes, mais l'Etat et les institutions qui, comme l'Eglise, structuraient la conscience collective ont perdu foi en leur mission, ou ne savent plus comment la mener à bien.

L'essentiel des décisions dont dépend la vie de tous les jours est le fait des producteurs et des distributeurs. Leur problème est de connaître des besoins, d'acheminer des approvisionnements et de s'adapter à des conjonctures variables en réduisant les immobilisations coûteuses. Ils ont besoin de transparence — d'où le poids croissant de l'information et de la communication. Au moment de choisir des partenaires et de prendre des décisions lourdes de conséquences pour l'avenir, la consultation de dossiers et de rapports ne suffit pas. Il faut rencontrer ceux avec lesquels on va travailler. Des contacts directs, face à face, sont indispensables. Une économie diversifiée repose sur la multiplicité de circuits de régulation spécialisés et implique d'innombrables déplacements et rencontres. L'ajustement des décisions est assuré à leur occasion.

Le fonctionnement de la société française reposait sur la centralisation des décisions politiques et sur le rôle de Paris qui servait de modèle à la province. La société qui s'est mise en place depuis trente ans ne dépend plus des mêmes mécanismes. Le prestige de la capitale en a souffert : elle se situe moins haut qu'il y a une génération dans les cartes mentales des Français. Ses fonctions politiques ont perdu de l'importance : elles ont glissé vers Bruxelles, ou ont été réduites par la régionalisation mise en place par la loi de 1983.

Le rôle de Paris a-t-il donc diminué ? Non, car la ville offre un cadre idéal de rencontre entre les partenaires nationaux, européens ou internationaux qu'impliquent les formes modernes de l' économie.

Les nouvelles élites. — Les élites d'aujourd'hui sont à la fois moins divisées et plus diverses que celles du passé. Leur effectif a crû à la mesure d'une économie d'échange généralisée où les problèmes de régulation sont innombrables. Les leaders à fort enracinement local, propriétaires terriens, négociants et industriels, ont perdu de leur influence, ou ont été remplacés par des dirigeants dont l'optique est différente. Le mouvement de concentration du commerce et des firmes industrielles a souvent conduit au remplacement d'un patron fortement inséré dans le milieu régional par un manager qui ne reste pas sourd aux charmes de l'environnement et aux échos de son passé, mais vit les yeux rivés à d'autres horizons.

La diversification des circuits économiques renforce le poids des élites, mais les spécialise dans des domaines étroits. La conduite des affaires repose cependant sur un nombre limité de stratégies : les enseignements de gestion les apprennent. Une nouvelle génération de grandes écoles s'y consacre. Le cursus des anciennes s'est modernisé. Qui peuplerait la haute administration publique et bon nombre de directions de firmes sans Ecole nationale d'administration ? Comment fonctionneraient les entreprises sans anciens élèves de HEC, de l'ESSEC, de Dauphine ou de l'Institut européen des affaires à Fontainebleau ? La Harvard Business School a servi de modèle à la plupart des cursus créés depuis une génération, si bien que les élites françaises se trouvent coulées dans un moule international. Les formations classiques d'ingénieur ont perdu leur monopole, mais l'Université n'en a pas profité. Les dirigeants français ne sont guère initiés à la recherche fondamentale.

La similitude des formations donne des référents communs à des élites par ailleurs fort diversifiées. Elle facilite les reconversions en cours de carrière, de l'administration à la politique, de celle-ci aux affaires. Le processus d'unification des élites françaises se poursuit donc. L'européanisation et la mondialisation des milieux dirigeants se développent parallèlement. Les lieux ne sont plus que les cadres successifs d'une carrière des honneurs où la mobilité prime.

De nouvelles couches influentes se constituent face à ces élites délocalisées qui ont perdu le leadership des opinions locales. Leur enracinement est né de leur passion écologique ou régionaliste. Elles se battent pour sauvegarder l'environnement et préserver de l'oubli les cultures locales. On y trouve des professeurs, des ingénieurs, des cadres moyens, des syndicalistes et des animateurs culturels. Leur poids dans la vie politique locale et maintenant nationale s'accroît depuis vingt ans.

IV. — La restructuration urbaine et régionale de la France

Les contraintes d'autrefois et celles d'aujourd'hui. — Dans la France d'hier, l'agriculture et les mines requéraient des effectifs nombreux et les produits obtenus se transportaient trop mal pour que les autres activités puissent s'éloigner. La révolution industrielle avait déjà desserré ces contraintes : on le lisait à la croissance de la population urbaine et à l'essor des grandes villes. Le poids des localisations primaires demeurait cependant sensible même à ce niveau : pour réussir, un centre urbain devait jouir de la meilleure accessibilité par rapport à une région. Dans un pays, la prospérité allait aux aires situées au cœur de l'ensemble.

La distribution géographique des ressources naturelles a perdu son influence. La répartition de la main-d'œuvre employée dans le secteur primaire n'explique qu'une faible partie de la localisation des autres activités.

L'industrie de transformation devait limiter le coût de ses approvisionnements en matières premières, énergie ou produits semi-finis, et celui de l'acheminement jusqu'aux marchés de ses produits finis. Elle dépendait des bassins où la main-d'œuvre était formée aux disciplines du travail et aux tours de main qu'impliquaient les fabrications. La difficulté de gérer des établissements dispersés ou de faire affaire avec des sous-traitants éloignés interdisait souvent de disperser les établissements.

La baisse du coût des transports et les facilités d'acheminement et de fractionnement de l'énergie ont fait disparaître la première contrainte. Elle ne subsiste que pour les industries très grosses consommatrices d'énergie et de minerais. Les transports par pétroliers ou minéraliers géants ont à ce point abaissé les prix de revient que c'est dans les ports où ces produits sont débarqués que se situent les localisations les plus avantageuses. L'acier français vient davantage de Dunkerque ou de Fos que de Lorraine, et les industries pétrolières se sont concentrées autour de l'étang de Berre, de la Basse-Seine et de Dunkerque.

La transformation des techniques a fait perdre aux

vieilles régions industrielles le monopole du travail industriel dont elles disposaient. Pour la plupart des fabrications modernes, on trouve partout la population apte à fournir les manœuvres spécialisés dont on a besoin. Les vieilles régions industrielles, avec leur main-d'œuvre fortement syndicalisée et mal préparée aux tâches d'aujourd'hui, font souvent peur : le Nord et la Lorraine sont victimes de ces évolutions.

Les transports rapides, les télécommunications et la généralisation de l'ordinateur facilitent la gestion d'établissements dispersés.

La disparition des contraintes anciennes va de pair avec l'apparition de nouvelles sujétions. Pour toutes les industries qui ont besoin d'une main-d'œuvre qualifiée et donc exigeante, la qualité du cadre de vie, les possibilités d'y exercer des activités de plein air et d'y pratiquer des sports comptent beaucoup, ainsi que la richesse des manifestations culturelles locales. La France du soleil, des littoraux et des montagnes se trouve avantagée par rapport au Nord et à l'Est. Mais Paris et les grandes villes dont la vie intellectuelle s'est singulièrement diversifiée depuis une génération présentent des avantages également prisés.

S'il est facile de gérer des établissements dispersés, c'est à la condition de les joindre rapidement — d'où l'importance des autoroutes, des TGV et des aéroports bien desservis. Comme les firmes travaillent de plus en plus pour un marché européen ou international, elles doivent être en communication directe avec les grands centres de la vie mondiale. Les localisations ne s'expliquent plus par le bas, par la nécessité d'être près des ressources primaires. Elles s'ordonnent par le haut, à partir des pôles du réseau mondial des communications — des grands aéroports internationaux en fait. L'accumulation des hommes et des activités dans ces villes n'est limitée que par les prix qu'y atteignent les terres et les logements, les difficultés de circulation et la dégradation de l'environnement par la pollution.

Avantage des régions centrales, contre-urbanisation et métropolisation. — Trois tendances pèsent aujourd'hui sur la localisation des activités économiques.

1) Pour certaines fabrications, il importe de ne pas s'éloigner des marchés, ce qui avantage les régions centrales — à l'échelle de l'Europe, c'est l'axe qui court du bassin de Londres à l'Italie du Nord.

2) Pour d'autres activités, la liberté est devenue totale. Avec le téléphone, le fax, la voiture, une bonne desserte ferroviaire et un aéroport accessible, on a tout ce qu'il faut pour travailler. Cela favorise la dispersion. On la qualifie depuis le milieu des années 1970 de contre-urbanisation. Elle concerne des industries légères ou des emplois tertiaires de conception. Elle bénéficie aux régions agréables et s'y marque par la revitalisation du tissu rural : l'espace prend des caractères rurbains. Ces évolutions sont moins rares qu'on ne le croit. Elles intéressent une partie du Bassin parisien dans un rayon de 200 km autour de Paris, les côtes du Pas-de-Calais ou du Cotentin, où s'installent des Britanniques, et certains secteurs de la Bretagne, du Sud-Ouest et du Sud-Est. Statistiquement, ces installations sont loin de compenser les pertes que subissent les régions rurales, mais elles expliquent la diversité des évolutions que l'on y observe.

3) Pour beaucoup de secteurs, la contrainte d'accès à l'espace mondial des communications pèse plus. L'entreprise a besoin d'être dans un centre bien relié aux grands aéroports européens ou mondiaux. Trois régions sont dans ce cas en France : l'agglomération parisienne, la partie française de l'agglomération de Genève et la région autour de l'aéroport de Nice-Côte d'Azur. Le dynamisme de la Haute-Savoie et du pays de Gex, dans l'Ain, traduit l'attractivité de Genève-

Cointrin, dont la desserte est mondiale. Le tourisme de haut niveau qui emprunte des vols réguliers plus que les charters a créé les conditions d'une croissance moderne de Nice à Cannes et à Grasse.

Paris offre évidemment des facilités à une autre échelle. Dans l'espace très compétitif de l'Europe de l'Ouest, c'est la seule ville française dont la desserte et l'attractivité se comparent à celles de Londres, d'Amsterdam, et des régions de Francfort, Munich et Berlin. L'agglomération parisienne a connu une croissance soutenue depuis le début des années 1980 parce que les circuits économiques et sociaux français y sont connectés avec les réseaux européens et mondiaux. La France participe ainsi au mouvement universel de métropolisation.

La nouvelle organisation régionale. — Les forces économiques et sociales que nous venons d'évoquer expliquent les grandes lignes de l'organisation régionale de la France actuelle (fig. 9). Celle-ci ne s'est pas mise en place d'un coup. Après guerre, au moment de la reconstruction, des investissements massifs bénéficient au charbon et au minerai de fer, et donc au Nord-Pas-de-Calais et à la Lorraine qui connaissent une croissance rapide. L'essor des industries mécaniques, électriques et chimiques se poursuit à Paris et dans la région lyonnaise. La mécanisation bouleverse les campagnes où la concentration des exploitations débute.

L'essor économique est particulièrement rapide entre 1955 et 1965. La modernisation agricole commence à remettre en cause les paysages agraires hérités de la France traditionnelle. Le remembrement crée de nouveaux parcellaires massifs. Toutes les régions bénéficient de l'élargissement des débouchés que provoque la création du Marché commun. La croissance industrielle est rapide. La révolution des transports maritimes fixe les fabrications lourdes au bord de la mer, dans les trois

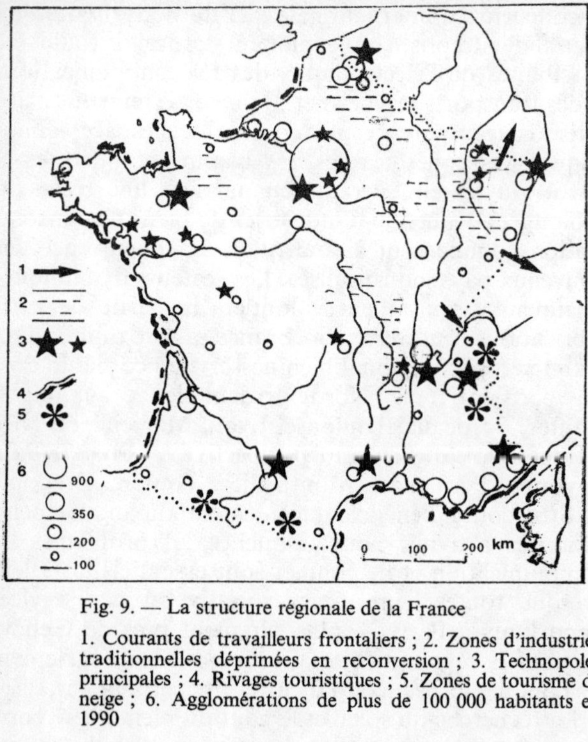

Fig. 9. — La structure régionale de la France

1. Courants de travailleurs frontaliers ; 2. Zones d'industries traditionnelles déprimées en reconversion ; 3. Technopoles principales ; 4. Rivages touristiques ; 5. Zones de tourisme de neige ; 6. Agglomérations de plus de 100 000 habitants en 1990

ensembles portuaires principaux. L'essaimage industriel se fait surtout au profit du Bassin parisien. Il concerne dans une moindre mesure la Bourgogne et la région Rhône-Alpes, les Alpes en particulier. Il commence à toucher la Bretagne (Citroën à Rennes, le CNET à Lannion) et certaines localités du Midi. L'allongement des vacances favorise l'essor touristique, résidences secondaires un peu partout et équipements massifs dans les régions que l'on cherche à promouvoir, Alpes pour la neige et littoral languedocien.

Les années 1970 voient se conjuguer les effets : 1) de

la concurrence internationale ; 2) du nouvel équilibre spatial d'entreprises qui exploitent désormais toutes les possibilités de l'électronique, des télécommunications et des transports rapides ; et 3) du desserrement qu'autorise la transparence plus grande de l'espace économique. Les zones textiles, les bassins houillers et la région du fer en Lorraine connaissent une récession prolongée. Beaucoup d'industries de biens de consommation commencent à souffrir de la concurrence des nouveaux pays industrialisés. Les secteurs dynamiques essaiment. Ils installent volontiers la partie de leurs fabrications qui reste en France à proximité d'un grand aéroport régional bien desservi : à ce jeu, le Bassin parisien et le Nord perdent leurs avantages. Nantes, Bordeaux, Toulouse, Lyon, Marseille ou Nice offrent de meilleures perspectives. Brest, Pau, Bayonne, Perpignan, Montpellier, Toulon, Grenoble et Strasbourg bénéficient également du mouvement. Mais les activités pour lesquelles les problèmes de communication et de contact sont essentiels installent presque toutes leurs sièges sociaux ou des services importants à Paris — plus rarement près de Genève ou dans la région niçoise. C'est ce que font également les banques et beaucoup d'entreprises étrangères.

La recherche du soleil et le goût du plein air se combinent avec les nouvelles contraintes de communications pour dessiner une France ordonnée par le haut, à partir de sa seule métropole de rang mondial. Les choix de localisation se font ensuite en cascade, vers le bas, en fonction de l'accessibilité à Paris et aux autres places européennes ou mondiales. Lorsque le Marché commun a été créé, on craignait qu'il ne bénéficie qu'à la France du Nord et de l'Est — l'ensemble qui appartenait à l'axe central européen. Le déclin des industries traditionnelles en a fait un secteur déprimé.

La croissance ne concerne plus aujourd'hui un ensemble régional d'un seul tenant entouré de vastes périphéries déprimées. Elle bénéficie à des pôles dont les chances dépendent des distances-temps qui les séparent des points d'entrée dans le système européen et mondial — Paris et les autres grandes métropoles européennes. Au lieu d'être dominé par un cœur d'un seul tenant, l'espace économique moderne l'est par les pôles du système mondial des relations. Ceux-ci constituent comme un centre éclaté à travers l'Europe et le monde. Au-dessous, les villes de second ordre, souvent distantes de plusieurs centaines de kilomètres des métropoles (c'est la condition pour bénéficier de bonnes dessertes aériennes ou d'une ligne de TGV), participent au dynamisme de l'espace général des relations.

Le sort du reste du pays dépend de facteurs variés. L'agriculture ne peut plus compter sur des débouchés illimités. Un repli vers les terres et les zones les mieux douées s'esquisse. Beaucoup d'exploitations ne seront plus rentables avec des prix alignés sur le marché mondial. Les régions de grande culture du Bassin parisien, les zones d'élevage hors sol très modernisé, la Bretagne par exemple, et les secteurs qui ont fait le pari de la qualité (les vignobles en particulier) se tireront d'affaire. Ailleurs, la conversion ne sera possible que si la contre-urbanisation et le tourisme fournissent des ressources suffisantes — dans certaines parties du Bassin parisien, de l'Ouest, du Midi, et en montagne. Les littoraux étouffent sous la congestion touristique, certains ont attiré des concentrations industrielles considérables, mais les grands ports ont perdu leur rôle moteur : ce n'est plus à travers eux que se fait l'articulation de l'économie nationale sur l'espace mondial. Malgré les apparences, notre société regarde moins vers la mer que celles qui l'ont précédée.

Le déséquilibre entre le Nord, l'Est et le Sud-Est et le reste de la France a cessé d'être le thème dominant de la géographie de notre pays. Les contrastes essentiels opposent plutôt la moitié méridionale et la moitié septentrionale du pays, la France des plaines et celle des reliefs vigoureux (avantagée aujourd'hui), Paris, les grandes villes et le reste de l'espace.

Pour aller plus loin dans la compréhension des articulations régionales, il faut s'arrêter aux effets de l'aménagement régional.

Chapitre VI

L'AMÉNAGEMENT DU TERRITOIRE ET LES RÉGIONS FRANÇAISES

Aménager, c'est peser sur l'organisation de l'espace qui résulte des initiatives des producteurs et des ménages en vue d'éviter certaines malfaçons. Il faut pour cela développer des vues prospectives, intervenir dans certains secteurs ou mettre en place des contrôles. En ville, des raisons d'hygiène et de qualité de vie conduisent à bannir des zones habitées les cimetières, les abattoirs et les activités bruyantes et malodorantes. Les citadins ont besoin de voirie et de réseaux variés. Il faut implanter les écoles à proximité des ensembles où vivent les enfants. La réduction des émissions gazeuses polluantes est nécessaire. A tout ceci, le marché ne pourvoirait qu'imparfaitement. A l'échelle urbaine, le besoin d'aménagement s'est donc fait précocement sentir : c'est à cela que répond l'urbanisme. Des déséquilibres peuvent également apparaître au sein d'une région ou d'une nation. Le rôle excessif de Paris est au centre de la réflexion à partir des années 1930. Les politiques d'aménagement régional sont alors venues compléter les actions d'urbanisme.

I. — La mise en place des régions

Les circonscriptions administratives dont le pays est doté depuis la Révolution conviennent-elles aux interventions nécessaires aujourd'hui ?

Il est parfois possible d'adapter les cadres territoriaux aux problèmes rencontrés : la pollution des cours d'eau est du ressort d'agences de bassin, une pour chaque fleuve. Les syndicats intercommunaux réalisent des adductions d'eau, créent des services de ramassage des ordures et des usines pour les traiter, ou se dotent d'établissements scolaires qu'aucune municipalité n'aurait pu envisager isolément.

La vie économique entraîne des relations élargies et nécessite des infrastructures qui se conçoivent mal dans le cadre étriqué du département. A la fin du XIXe siècle, le mouvement régionaliste prend conscience de ce fait, mais ne parvient pas à faire passer les réformes qu'il préconise. Durant le premier conflit mondial cependant, Clémentel, ministre de l'Industrie, demande à Henri Hauser, un historien disciple de Paul Vidal de La Blache, de regrouper les Chambres de Commerce pour gérer l'économie de guerre. Les unités territoriales qu'il met sur pied disparaissent la paix revenue, mais servent de point de départ à la réflexion postérieure. Les régions de programme de 1955, nos régions actuelles, en sortent pour l'essentiel.

Si l'on veut diviser la France en une vingtaine d'entités de dimensions similaires, il faut s'appuyer, dans les parties du pays les moins dynamiques, sur les régions historiques dont la capitale est devenue au XIXe siècle une petite métropole. L'insularité conduit à détacher la Corse de la région Provence-Alpes-Côte d'Azur. Ailleurs, les zones structurées par des villes plus puissantes offrent un cadre adéquat. Il s'agit de ports (Bordeaux, Nantes, Rouen, Marseille), de villes industrielles (Lille, Lyon, Grenoble), ou de gros marchés (Toulouse, Tours). L'exercice devient artificiel autour de Paris. La ville exerce une telle influence qu'il faudrait dessiner une région parisienne beaucoup plus vaste que les autres. Comme un des buts de la réforme régionale est de limiter la puissance de la capitale, il n'en est pas question. On s'appuie donc sur les provinces historiques, comme en Champagne-Ardennes et Picardie. La Normandie, trop étendue, est scindée en deux ; ailleurs, les circonscriptions d'autrefois, trop petites, sont regroupées, ce qui donne l'amalgame hétérogène de la région Centre. L'ouest du Bassin parisien est rattaché à Nantes.

Les divisions retenues sont souvent critiquées : certains trouvent les régions trop petites, et en préféreraient 8, pour faire pendant aux *Länder* allemands (objection : la Sarre, la Rhénanie-Palatinat, Brême et Hambourg sont-ils plus gros que les divisions mises en place en France ?) ; d'autres s'insurgent de voir la Bretagne amputée — mais si l'on donnait satisfaction aux Bretons, Nantes serait privée de sa zone naturelle d'influence. Le découpage actuel est une cotte mal taillée, mais c'est une des meilleures que l'on puisse imaginer avec les contraintes fixées au départ.

La mise en place des nouvelles institutions régionales a demandé vingt-cinq ans. La loi de 1982 a confié aux établissements publics qu'elles sont devenues des domaines précis d'intervention, les a dotés d'assemblées élues et de moyens. On attendait beaucoup du nouveau cadre territorial. Les problèmes d'aménagement se posent en réalité à des échelles trop variées pour que cette réforme suffise à la gestion harmonieuse de l'espace français.

II. — Les politiques d'aménagement

L'Etat et les collectivités territoriales pèsent depuis toujours sur certaines localisations, mais leurs interventions étaient sectorielles : le ministère de la Défense fortifiait les frontières, les Ponts et Chaussées mettaient en place routes et canaux, etc. Ce qui est nouveau, c'est la volonté de coordonner les actions des divers intervenants : il n'y a pas sans cela de maîtrise des forces en jeu.

La volonté d'aménagement, manifeste chez Haussmann, est institutionnalisée au début de notre siècle. On discute alors d'une loi d'urbanisme. La guerre retarde son examen. Enfin votée (loi Cornudet, 1919), elle suscite l'élaboration des premiers plans d'urbanisme.

Face à l'Allemagne dont la population croît rapidement, beaucoup s'inquiètent de la stagnation démographique de la France. Cette préoccupation inspire les réflexions sur l'équilibre entre les villes et les campagnes, Paris et la province. La natalité s'est effondrée dans les centres urbains, et plus spécialement dans la capitale. La France rurale connaît des excédents substantiels. Pour assurer l'avenir du pays, il conviendrait de restreindre le poids de Paris et de redonner vigueur aux campagnes. L'idéologie vichyste du retour à la terre trouve là son origine.

Les conceptions changent durant la seconde guerre mondiale. Les préoccupations démographiques passent au second plan — de 1942 où la fécondité commence à se redresser à 1962, où elle faiblit à nouveau, le pays connaît une phase de croissance démographique rapide. La grande crise a frappé les esprits. Beaucoup l'interprètent comme un refus de confiance dans l'avenir. Rien ne condamne la France au déclin. Les Français se mettent à croire au développement. L'aménagement est pensé dans ce contexte. Les dimensions culturelles du mouvement régionaliste sont pour un moment oubliées. On s'attache à faire sauter les verrous qui s'opposent à l'essor économique — c'est le rôle du plan Monnet. Les transports sont modernisés, les industries lourdes rééquipées, la mécanisation de l'agriculture facilitée. La pénurie de logements devient tragique car l'urbanisation s'accélère : il faut des solutions à la dimension du problème. Le patronat et la Caisse des dépôts et consignations financent. Le Corbusier justifie à son insu la standardisation de la construction. Le Parlement aide à mobiliser les terrains nécessaires aux opérations et les soustrait à la spéculation par la mise en place des ZUP (1958). Les ingénieurs industrialisent la construction. La France se couvre de grands ensembles : aucun pays de l'Europe de l'Ouest ne connaît de formes aussi massives de croissance urbaine. Les critiques dénoncent vite le manque d'équipements et d'emplois locaux. La construction de villes nouvelles (Saint-Quentin-en-Yvelines, Cergy-Pontoise, Marne-la-Vallée, Evry et Melun-Sénart en région parisienne, le Val-de-Reuil près de Louviers, Villeneuve-d'Ascq à Lille, et l'Isle-d'Abeau près de Lyon) fournit une réponse. A partir de 1970, le rejet des grands ensembles conduit à des développements de plus faible densité.

L'équilibre régional ? Un idéal de justice pousse à réduire les inégalités ; les coûts de la congestion urbaine sont dénoncés. Dans *Paris et le désert français* (1947), Jean-François Gravier retient l'idée que l'industrie se porterait mieux si elle ne s'agglomérait pas dans la capitale. Pendant vingt ans, l'aménagement de la France est fondé sur la décentralisation industrielle. Il s'accompagne d'autres mesures. Paris manque de logements, d'équipements de transports, et en banlieue, d'infrastructures administratives : il faut offrir à ses habitants des conditions de vie à la mesure du monde actuel. L'équipe de Paul Delouvrier s'attelle au problème et propose en 1964 un schéma directeur pour l'aménagement de Paris et de l'Ile-de-France. Il fait date par l'audace des partis retenus (villes nouvelles, priorité donnée aux transports en commun) et l'intérêt de la stratégie prospective sur laquelle il repose. La loi d'orientation foncière de juin 1967, qui fonde l'urbanisme de la France actuelle, en retient les leçons : l'élaboration de schémas directeurs d'aménagement et d'urbanisme, les SDAU, situe la planification urbaine dans la perspective des développements à long terme.

La Délégation à l'aménagement du territoire et à l'action régionale (DATAR), créée en 1962, propose au Premier ministre des opérations destinées à stimuler les économies régionales. Pour contrebalancer Paris et donner à la France une structure régionale à l'allemande, la politique des métropoles d'équilibre est lancée. L'idée que la croissance se fait autour de pôles importants et sur l'industrie lourde explique la décision de créer une usine sidérurgique sur l'eau à Fos, après celle de Dunkerque. Quelques opérations régionales liées au tourisme sont mises en route : le plan neige pour les Alpes, l'aménagement du littoral languedocien.

A la fin des années 1960, les aménageurs se flattent d'avoir résolu la crise du logement, favorisé la décentralisation, amorcé l'industrialisation de beaucoup de régions et donné le coup d'envoi de nouveaux pôles touristiques. Mais les critiques s'éveillent. Les industries n'auraient-elles pas quitté d'elles-mêmes Paris où les prix des terrains devenaient prohibitifs ? Les Français désiraient en majorité vivre en pavillons individuels et devenir propriétaires. A-t-on eu raison de leur imposer les grands ensembles ? La croissance constitue-t-elle le but ultime de l'aménagement ?

Mai 1968 est passé par là. L'aménagement change de finalité. Les objectifs économiques ne disparaissent pas, mais la crise limite les grands desseins : subsistent le nucléaire, qui réduit la dépendance énergétique du pays, les télécommunications dont le retard était scandaleux, et la première ligne de train à grande vitesse. La politique des métropoles d'équilibre ne donne pas les résultats escomptés. La politique des villes moyennes, puis celle des pays — autant dire le saupoudrage — la remplacent. L'Etat n'a plus de doctrine. Il court au plus pressé. Devant le rétrécissement inexorable du tissu industriel, il cherche à soulager les régions les plus touchées, le Nord et la Lorraine en priorité, et dépense des milliards souvent en pure perte.

Les dimensions écologiques et culturelles de l'aménagement prennent le dessus. Les parcs naturels, créés à partir de 1960, s'organisent pendant les années 1970. Les agences de bassin améliorent la situation des cours d'eau. Le contrôle des émissions gazeuses industrielles réduit sensiblement la pollution urbaine. La réhabilitation des quartiers historiques, lancée en 1962 par la loi Malraux créant les secteurs sauvegardés, s'accélère grâce à la procédure plus maniable des opérations programmées d'amélioration de l'habitat (OPAH, 1977). Le ministère de la Culture fait de gros efforts pour restaurer les monuments historiques. Les villes et les régions l'aident à promouvoir la décentralisation de la musique et du théâtre. C'est autour du thème de la qualité de la vie que se structurent les actions les plus originales des années 1970. Elles ont des retombées économiques : les patrons en quête de nouvelles implantations sont sensibles à la vie culturelle et artistique locale.

Face au discours officiel se dessinent ceux des verts : technologie douce et énergie solaire, et des nostalgiques des cultures régionales passées, dialectes et traditions architecturales. On en parle beaucoup. Des jeunes marqués par l'esprit de 68 créent des « communes » dans le Midi profond où la terre est encore bon marché. Les néo-ruraux se multiplient un temps.

La France des années 1980 et 1990 est à la recherche de nouveaux principes d'aménagement. Les actions pour la conservation du milieu et la préservation du patrimoine historique étendu aux constructions ordinaires sont entrées dans les mœurs. Mais l'accélération de la déprise rurale pose un problème qui va devenir dramatique dans le proche avenir. Personne ne sait comment le traiter. Face à l'Etat indécis, des initiatives locales apparaissent, un nouveau régionalisme se dessine.

La France d'aujourd'hui est ouverte sur le monde. L'arsenal classique de l'aménagement s'en trouve dévalorisé. Que se passe-t-il lorsqu'on interdit à une firme d'installer des bureaux à Paris ? Elle a le choix entre Londres, Amsterdam, Francfort ou Berlin. Les politiques coercitives ne paient plus. Il faut rendre séduisantes les villes et les régions si l'on veut fixer des activités de pointe, les seules à résister à la concurrence des Etats-Unis, du Japon et des nouveaux dragons de l'Asie du Sud-Est. De là l'importance des initiatives régionales : stimuler la vie culturelle d'une ville de province est l'affaire de sa population et de sa municipalité. La création de technopoles, fortement soutenue par l'Etat, va dans le même sens (voir fig. 9, p. 97).

Les forces économiques spontanées poussent à la contre-urbanisation et à la métropolisation. Le discours politique actuel soutient la première et condamne la seconde. En modernisant le réseau des liaisons secondaires pour qu'on y circule à des vitesses moyennes proches de 90 km/h, les espaces éligibles par ceux qui fuient l'entassement s'élargissent. L'Allemagne a fait beaucoup dans ce domaine. Le gouvernement français n'a pas amélioré à temps les infrastructures qui rendent accessibles régions rurales et petites villes. Il invente, pour compenser, la délocalisation de l'administration centrale. Il use des pouvoirs dont il dispose sur le secteur public pour procéder à un saupoudrage désordonné et désorganise des services indispensables au fonctionnement de l'économie nationale sans stimuler vraiment les économies régionales. Dans le même temps, la politique des grands travaux favorise la capitale dont on prétend par ailleurs limiter le rayonnement. L'aménagement est en crise faute de s'être adapté à l'ouverture des frontières et à la compétition économique avivée.

III. — Les régions françaises : le Nord et l'Est, des espaces en reconversion

La Haute-Normandie, le Nord, la Lorraine, l'Alsace et la Franche-Comté ont en commun d'avoir été tôt et profondément industrialisés. L'emploi industriel y excède 40 % des actifs dans les années 1960. Les bases rurales sont variées — élevage laitier en Basse-Normandie, blé-betterave et polyculture intensive à la flamande dans le Nord, élevage laitier assez extensif en Lorraine et en France-Comté, polyculture intensive et vignoble de qualité en Alsace. Les fermes sont généralement modernes et bien gérées. Seuls les secteurs où les ouvriers-paysans sont nombreux — en Alsace, dans la porte de Bourgogne, dans les Vosges — restent en retard. Le secteur agricole pèse assez peu dans le bilan régional.

Les activités minières ont longtemps tenu une place essentielle dans le Nord, en Lorraine et dans la région de la potasse en Alsace : elles donnaient un emploi à de nombreux travailleurs, et fournissaient l'énergie et les matières premières sur lesquelles s'étaient bâties les industries lourdes et une partie des activités de transformation. L'extraction du charbon a cessé dans le Nord. Seul le bassin houiller de Forbach-Saint-Avold, en Lorraine, garde des fosses ouvertes. Ces régions ont à porter le lourd fardeau de zones désertées par les activités qui les avaient animées depuis un siècle, un siècle et demi ou deux. La population a vieilli, beaucoup de jeunes sont partis. Il reste un patrimoine immobilier important, mais que les mines ne sont plus là pour financer.

Les zones textiles ont été aussi durement affectées. La récession y a commencé tôt — dès les années 1950. La réduction des effectifs s'est étalée sur une génération, mais elle est aussi profonde que dans les régions minières. Elle laisse sur place une main-d'œuvre peu qualifiée et difficile à reconvertir.

La sidérurgie a résisté jusqu'au milieu des années 1970, mais, la crise venue, la vétusté des installations ne laissait d'autre solution, dans la plupart des sites, que la fermeture. La Lorraine a sauvegardé un ensemble. Dans le Nord, l'usine de Dunkerque (200 000 habitants ; c'est la population des agglomérations qui est ici donnée) est solide, mais les régions de Maubeuge (103 000 hab.) et de Valenciennes (337 000 hab.) sont sinistrées. La Basse-Seine, qui offre des sites littoraux à proximité de Paris, a échappé au déclin de l'industrie lourde — raffinage et pétrochimie ici.

Certaines industries mécaniques légères sont également affectées : l'horlogerie a eu de la peine, dans le Doubs, à prendre le virage de la montre à quartz, ce qui a conduit à la désindustrialisation de certaines zones. Quelques secteurs ont résisté : l'automobile à Montbéliard-Sochaux, à Mulhouse et à Vesoul, mais aussi à Douvrain dans le Nord, à Ennery et Metz en Lorraine et à Cléons et Sandouville en Basse-Seine. La construction mécanique et les matériels ferroviaires restent actifs. L'électronique n'a pas donné les résultats escomptés à Belfort, mais ailleurs, elle crée des emplois. En Lorraine septentrionale et en Alsace, les investissements étrangers, allemands pour la plupart, mais aussi suisses et japonais, sont à l'origine de nouveaux établissements.

Le Nord, la Lorraine, l'Alsace et la Franche-Comté envoient beaucoup de migrants quotidiens dans les usines, les magasins ou les bureaux belges, luxembourgeois, allemands ou suisses — signe des difficultés de ces régions.

Où conduit la restructuration en cours ? L'Alsace est bien placée dans la zone de circulation intense de l'Europe du Nord, et avec un milieu de qualité, pour attirer des activités. Strasbourg (390 000 hab.) dispose, avec ses fonctions européennes, d'un atout sérieux. Colmar (84 000 hab.) et Mulhouse (224 000 hab.) ont fixé des industries modernes. Les perspectives sont moins bonnes en Lorraine, mais Metz (190 000 hab.) et Nancy (310 000 hab.) s'appuient sur des entreprises dynamiques. En Franche-Comté, Besançon (123 000 hab.), qui était un centre industriel, vit aujourd'hui surtout de ses fonctions de métropole régionale. La région de Belfort-Montbéliard (190 000 hab.) dépend de l'Alsthom et de Peugeot. La Basse-Seine, avec Rouen (380 000 hab.), avait la chance d'avoir des industries modernes, mais depuis vingt ans, la proximité de Paris n'a pas apporté beaucoup d'emplois nouveaux. Le Havre (252 000 hab.) souffre de l'image d'une reconstruction trop froide. Dans le Nord, le passif de l'industrialisation est lourd, à l'exception de Dunkerque, mais les perspectives d'une réorientation vers le tertiaire sont exceptionnelles. Le tunnel sous la Manche et le train à grande vitesse vont rendre Lille aisément accessible de Londres, Paris et Bruxelles. Les efforts de restructuration de l'agglomération (la 4e de France, avec 949 000 hab., et à proximité de celles de Lens, 323 000 hab., Béthune, 263 000 hab., et Douai, 200 000 hab.), la rénovation de l'habitat, la construction du métro et le dense réseau autoroutier régional promettent un nouveau départ à la ville. Entre Calais (102 000 hab.) et Boulogne, le tunnel aura une incidence plus directe encore.

IV. — L'Ouest, le Sud-Ouest et le Massif central : essors urbains, secteurs rurbains et campagnes vides

La moitié ouest de la France, de la Basse-Normandie à Midi-Pyrénées en passant par la Bretagne, les pays de Loire, Poitou-Charentes, le Limousin, l'Auvergne et l'Aquitaine, est toujours marquée par la prépondérance d'espaces agricoles de faibles densités. Au lendemain de la seconde guerre mondiale, les foyers industriels y étaient rares — petite métallurgie dispersée du bocage normand, chaussure à Fougères, à Limoges et en Béarn, textile dans le Choletais, le Pays Basque, Lavelanet et Castres, délainage à Mazamet, papeteries ou petite mécanique en Poitou-Charentes et dans le Limousin, caoutchouc à Clermont-Ferrand, charbon et métallurgie à Montluçon, Decazeville et Carmaux. Les seuls foyers importants étaient liés aux deux ports de Nantes et de Bordeaux, et à Toulouse. La décentralisation des industries aéronautiques avait eu dans ces trois villes, mais aussi à Anglet-Biarritz, des effets bénéfiques. Le tourisme tenait une place importante sur le littoral, dans les Pyrénées, en Auvergne, et à un moindre degré en Périgord, Quercy et Limousin.

La modernisation de l'agriculture a eu ici un impact d'autant plus profond que le point de départ était médiocre. Le Cotentin et le Limousin restent fidèles à l'herbe, mais l'intensification a gagné la première région : on y ensemence les prairies retournées avec des espèces sélectionnées. Ailleurs la culture domine, mais ses produits sont généralement destinés à l'élevage. L'application massive d'engrais et l'introduction du maïs ont simplifié les assolements et réduit les différences entre terroirs. En Bretagne, où la population rurale était jeune et nombreuse, il y a eu intensification : cultures maraîchères sur le littoral, élevage industrialisé et en grande partie hors sol ailleurs. La région fournit au reste de la France une part importante des œufs et de la viande de poulet et de porc qu'elle consomme, et en exporte à l'étranger. L'élevage bovin, plus traditionnel, garde son importance. Les bocages des franges armoricaines dans l'Orne, la Mayenne, le Maine-et-Loire et la Vendée ont suivi des orientations analogues, mais sans aller aussi loin dans l'intensification. L'ouest du Massif central produit de la viande de bœuf, de veau ou d'agneau. Ailleurs, le maïs et le tournesol alternent avec le blé dans des systèmes très mécanisés. La vogue actuelle des vins de qualité a stimulé les grands vignobles — muscadet, bordeaux, cognac, armagnac — et donné un nouveau départ à beaucoup de ceux que le phylloxéra avait provisoirement effacés — bergerac, cahors, buzet, gaillac, madiran, etc. La sylviculture landaise s'est industrialisée.

Dans ces régions qui restent les plus agricoles de France, la modernisation n'a pas été sans ombre. En Bretagne où elle s'est accompagnée d'une considérable intensification de la production agricole, la pollution des nappes est souvent inquiétante. Partout, l'équilibre des exploitations est fragile. Les crises qui ont affecté les marchés de la viande de porc, de mouton et de poulet et le contingentement de la production de lait l'ont montré. La baisse du prix des céréales et des protéagineux risque de faire disparaître des milliers d'exploitations. La diminution des surfaces cultivées que prônent les autorités de Bruxelles affectera durement l'Ouest, le Sud-Ouest et le Centre.

Les densités rurales des confins armoricains, du Limousin, de l'Auvergne, de l'Aquitaine et du Midi toulousain sont souvent si faibles que la spirale de désertification est lancée. Le tourisme vert, les résidences secondaires et la contre-urbanisation ont des effets sensibles dans la Manche et dans certains secteurs de la Bretagne, sur les littoraux de la Vendée, de la Charente et des Landes, en Périgord, en Quercy et dans quelques secteurs de l'Auvergne et du Limousin. L'avenir d'une partie des campagnes de l'Ouest, du Sud-Ouest et du Centre paraît malgré tout difficile.

L'industrie était faible. Certaines de ses branches traditionnelles ont reculé (la construction navale à Nantes, 491 000 hab., et Saint-Nazaire, 131 000 hab.), ou disparu (la sidérurgie caennaise). Mais les progrès sont considérables. Lors de la première vague des décentralisations, des implantations ont bénéficié à la Haute-Normandie, aux pays de Loire et à la partie orientale de la Bretagne, qui étaient assez près de Paris. Le Mans (189 000 hab.), Angers (206 000 hab.), Caen (189 000 hab.), ont alors connu un essor notable, auquel Rennes (245 000 hab.) a également participé. A partir de 1965-1970, et grâce aux liaisons aériennes intérieures, Bordeaux (669 000 hab.), Toulouse (600 000 hab.), Bayonne-Biarritz (132 000 hab.) et Pau (129 000 hab.) se sont trouvés, en distance-temps, rapprochés de Paris, ce qui a stimulé l'essor de leurs industries. Toulouse a attiré l'électronique et les activités aérospatiales. Mais il y a des cas difficiles. Limoges (170 000 hab.) a modernisé l'industrie de la porcelaine, mais a vu fondre l'emploi dans la chaussure. L'implantation de la Saviem a contribué comme à Caen à stabiliser l'emploi industriel, mais sans espoir d'augmentation. Le sort de Clermont-Ferrand (261 000 hab.) demeure lié à Michelin.

La plupart des firmes qui se sont implantées dans l'Ouest sont d'origine extérieure, mais les réussites locales ne manquent pas — Moulinex en Haute-Normandie, Jeannot en Vendée, Turboméca ou Ratier dans le Sud-Ouest. L'Etat fait vivre, par ses arsenaux et ses installations militaires et navales, Cherbourg, Brest (202 000 hab.), Lorient (104 000 hab.) et Rochefort. Il a créé à La Hague la plus grande usine de retraitement nucléaire du monde.

Le littoral et la montagne, dans le Cantal, autour du Puy de Sancy et dans les Pyrénées, attirent des foules ; le tourisme vert et les villes d'art ont un impact plus diffus. Les côtes, de la Manche au Pays Basque, le Périgord, le Quercy et une partie du Bas-Limousin doivent à ces fréquentations un renouveau profond.

Les réussites de l'Ouest, du Sud-Ouest et du Centre se lisent à la modernisation de leurs villes et à la croissance de certaines d'entre elles. Nantes et Bordeaux dominent moins le réseau urbain que par le passé, car leurs ports ont perdu leurs fonctions d'armement et de négoce international, et leurs industries traditionnelles ont régressé. Des villes moyennes comme Caen, Le Mans, Brest, Lorient, La Rochelle (100 000 hab.), Bayonne-Biarritz, Pau, ou à une échelle plus menue, Saint-Brieuc, Vannes, Laval, Cherbourg, Niort ou Brive ont mieux réussi. Limoges, Poitiers (106 000 hab.), Rennes et Clermont-Ferrand ont bénéficié de leur promotion administrative comme capitales régionales. Dans la course au développement, la première place revient à Toulouse, dont la croissance démographique n'a cessé d'être soutenue. L'agglomération abrite une des technopoles les plus réussies de France. Ses équipements sont ceux d'une grande métropole. Partout, la reconquête des centres et l'amélioration de l'habitat portent leurs fruits.

Dans des zones de densités moyennes et déjà éloignées de Paris et des zones centrales de l'Europe, le développement passe par les transports. Le sous-équipement autoroutier a longtemps pesé, et pèse, sur le développement du Limousin, de l'Auvergne et d'une partie de Midi-Pyrénées. Le plan routier breton a facilité le démarrage de l'ensemble de la région et évite à certaines de ses zones rurales de se vider complètement. La construction du TGV a des effets bénéfiques en Bretagne, dans les pays de la Loire, en Poitou-Charentes et en Aquitaine. Midi-Pyrénées reste, et restera, une région dont les connexions rapides reposent sur l'avion. Cela n'y a jusqu'ici pas gêné le développement. Qu'en ira-t-il dans vingt ans ?

V. — La France du Sud-Est

Rhône-Alpes, Provence-Alpes-Côte d'Azur et Languedoc-Roussillon forment un ensemble très dynamique. La Corse est la seule région du Sud-Est à ne pas avoir réussi son démarrage : la dépopulation y atteint un niveau inquiétant ; elle annonce en certaines zones la désertification ; le terrorisme décourage le tourisme. Celui-ci constitue cependant la première ressource de l'île, mais ne l'a pas transformée à l'image de ce qui est arrivé aux Baléares. Pour les transports, le handicap de l'insularité n'a pu être surmonté faute de trafics suffisants.

Ailleurs, la conjoncture est différente. La variété du relief et l'ensoleillement du climat sont aujourd'hui des atouts économiques. Le littoral méditerranéen attire les touristes depuis deux siècles. Son développement est devenu continu, de la frontière espagnole à la frontière italienne, depuis le lancement des stations languedociennes, à la fin des années 1960.

Le Sud-Est a bénéficié d'un effort d'investissement exceptionnel de la part de l'Etat : l'aménagement du Rhône pour la navigation et la production hydro-électrique, l'équipement hydro-électrique des Alpes et la construction des canaux de Provence et du Languedoc ont assuré la maîtrise de l'eau dans un milieu où elle constitue un problème majeur. La construction des autoroutes a été précoce et le réseau est aujourd'hui très dense — les Jeux olympiques d'Albertville ont fourni l'occasion de doter la Savoie des infrastructures qui faisaient encore défaut. Il ne manque plus qu'une liaison moderne entre Grenoble et la Durance. L'équipement ferroviaire est excellent, et la construction du TGV jusqu'à Lyon, puis son prolongement en cours vers le Bas-Rhône, la Côte-d'Azur, le Midi languedocien et Barcelone ont renforcé, et renforceront, l'accessibilité de la région. Les liaisons aériennes ont connu un essor précoce. La région dispose de deux aéroports à ouverture mondiale (Nice et Genève-Cointrin), et de deux grands aéroports internationaux (Lyon-Satolas et Marseille-Marignane) ; les liaisons au départ de Perpignan, Montpellier, Nîmes et Toulon ont facilité l'essor de ces villes et de leurs régions.

Le Sud-Est a été touché par la désindustrialisation,

particulièrement sensible dans les bassins houillers à Alès, Saint-Etienne, et Montchanin-Le Creusot (en Bourgogne, mais dans la mouvance lyonnaise). Le textile a également souffert à Roanne et autour de Lyon. Mais les atouts ne manquaient pas : la construction mécanique et électrique, les industries chimiques, la pharmacie constituaient des créneaux porteurs. Le Sud-Est a largement bénéficié du développement de la filière nucléaire française. L'agrément du climat, la beauté de l'environnement et la qualité des villes font le reste. Les technopoles qui ont de la peine à démarrer ailleurs sont ici vivantes. Nice avec Sophia-Antipolis, le pays de Gex, Grenoble, Aix-Marseille, Lyon et Montpellier bénéficient du dynamisme liés à ces équipements.

L'agriculture pèse peu dans l'ensemble du Sud-Est, mais elle a connu une remarquable intensification. La fleur dans les Alpes-Maritimes, les vergers, les primeurs et les vignobles reconvertis vers la qualité en Provence, en Languedoc, en Roussillon, dans la vallée du Rhône et dans quelques sites savoyards bien exposés, assurent des revenus intéressants en maintenant des densités élevées. En zone montagnarde, la situation est plus difficile ; l'élevage laitier régresse. Le mouton, très important dans les Alpes du Sud, ne rapporte plus autant que par le passé. Le problème de l'entretien des paysages se posera de manière aiguë d'ici quelques années.

L'urbanisation de la France du Sud-Est est ancienne, et elle a progressé rapidement depuis la seconde guerre mondiale. Le réseau comprend deux agglomérations millionnaires, Marseille (1 090 000 hab.) et Lyon (1 260 000 hab.), trois proches du demi-million, Toulon (436 000 hab.), Grenoble (400 000 hab.) et Nice (478 000 hab., beaucoup plus pour cette dernière si l'on prend en compte l'ensemble de la conurbation littorale jusqu'à Cannes, 335 000 hab.), Saint-Etienne un peu en retrait (314 000 hab.), des villes moyennes particulièrement dynamiques, comme Annecy (123 000 hab.), Chambéry (102 000 hab.), Valence (108 000 hab.), Avignon (163 000 hab.), Nîmes (139 000 hab.), Montpellier (237 000 hab.) et Perpignan (139 000), et de petites villes souvent très vivantes. L'arrière-pays provençal, longtemps en perte de vitesse, participe aujourd'hui à l'essor général, de Manosque à Gap et à Briançon.

La croissance démographique soutenue est due aux courants migratoires dont bénéficie la région. Ceux qui s'y installent proviennent de toutes les régions françaises, du Nord et de l'Est touchés par la désindustrialisation en particulier, et de la région parisienne. La proportion d'étrangers est forte et constitue un problème grave dans la plupart des villes.

Les équipements urbains ont rapidement progressé. Marseille et Lyon ont des métros, Grenoble un tramway moderne. La vie culturelle est animée, et les municipalités et les régions rivalisent dans l'organisation de festivals dont les retombées sont nombreuses.

Des problèmes ? Ils ne manquent pas dans une région aussi dynamique. Les densités y sont fortes dans les vallées alpines, le corridor rhodanien, les bassins de Provence et la plaine languedocienne. Cela rend difficile l'implantation de nouvelles infrastructures lourdes — les querelles suscitées par le tracé du TGV-Méditerranée le prouvent. Les risques de pollution atmosphérique sont élevés par temps stable. Certaines régions restent à l'écart du dynamisme général — les hautes collines et les plateaux calcaires, autrefois vivants, voient le processus de désertification s'accentuer, même s'ils sont traversés l'été par des foules de touristes.

VI. — **Paris et le Bassin parisien**

Afin de ne pas aggraver la centralisation parisienne, le découpage régional a séparé l'Ile-de-France de la

Picardie, de Champagne-Ardenne, de la Bourgogne, de la région Centre et des pays de Loire, sur lesquels l'influence de Paris est dominante. Pour comprendre le dynamisme de ces ensembles territoriaux, il convient de les examiner en bloc.

Les plaines, les bas plateaux et les vallées qui constituent le Bassin parisien sont faits pour la culture. La pluviosité régulière (quoique un peu insuffisante l'été, au sud), la texture des sols et la richesse naturelle de beaucoup d'entre eux expliquent la vocation céréalière de ces ensembles et l'accumulation précoce de fortes densités. Seuls les sables de Sologne et de la forêt d'Orléans ont découragé la charrue. Le limon qui recouvre les plateaux du centre du bassin est particulièrement fécond, mais avec des doses suffisantes d'engrais, la craie champenoise fait presque aussi bien. La mécanisation a redonné des chances aux plateaux calcaires monotones de l'est de la Champagne, de la Bourgogne et du centre du Berry.

Le Bassin parisien demeure la région française des productions agricoles de masse : blé (souvent de qualité fourragère, lorsqu'on choisit des variétés qui donnent jusqu'à 100 q à l'hectare), orge (sur les plateaux champenois et bourguignons en particulier), maïs (un peu partout, mais particulièrement en Beauce), protéagineux (tournesol et colza), pomme de terre, betterave à sucre. Ces cultures, menées sur de grandes exploitations très mécanisées, ont beaucoup rapporté tant que la Politique agricole commune assurait des prix avantageux. Les circonstances sont aujourd'hui moins favorables, mais une intensification est possible. Elle se marque déjà à l'extension des cultures légumières de plein champ en Picardie, des vergers de pommiers, de poiriers et de petits fruits autour de Paris, en Orléanais, en Touraine ou en Basse-Bourgogne. Même intensifiée, cette agriculture n'est pas peuplante : deux travailleurs suffisent pour une exploitation de 150 à

200 ha. Il en va différemment des quelques secteurs orientés vers des cultures délicates et de qualité — zones maraîchères des environs de Paris et du Val de Loire, vignobles de Champagne, de la Loire entre Sancerre et la Touraine, et de Bourgogne.

Beaucoup de campagnes du Bassin parisien, en Picardie, en Champagne ou en Bourgogne, avaient de fortes traditions artisanales et industrielles. Elles ont parfois survécu à la révolution industrielle : mécanique du Santerre et du Beauvaisais, métallurgie autour de Saint-Dizier, de Montbard ou de Vierzon, bonneterie autour de Troyes. Ces zones de peuplement urbain et industriel et beaucoup de petites villes ont souvent bénéficié de la première vague des décentralisations. Comme les campagnes étaient déjà vides, l'essor industriel a fixé là des populations immigrées dont l'assimilation fait problème — la presse s'en fait l'écho à Dreux ou à Evreux.

La centralisation parisienne a privé, dès la fin du Moyen Age, les centres urbains de la région d'une partie de leurs fonctions de niveau élevé, et des élites qui y sont associées. Cela explique la médiocrité du développement de Bourges, Tours (272 000 hab.), Orléans (243 000 hab.), Chartres, Beauvais, Amiens (156 000 hab.), Laon, Reims (205 000 hab.), Chalon, Auxerre, Troyes (123 000 hab.) et même Dijon (226 000 hab.), qui bénéficiait pourtant, comme Rouen, de la présence d'un Parlement. Les entreprises quittant l'agglomération parisienne ont donné un coup de fouet à l'ensemble de ces villes durant les années 1960. Les nouvelles fonctions régionales et la création d'Universités ont contribué à leur essor. Il reste cependant limité, et le dynamisme a diminué au cours des quinze dernières années. En distance-temps, Orléans, Chartres, Amiens ou Reims, et à plus forte raison Bourges ou Nevers, ont cessé d'être plus près de Paris que Nice ou Toulouse, ce qui explique l'arrêt du mouvement de décentralisation industrielle et l'absence de mouvement significatif de décentralisation tertiaire. Le TGV redonne des chances à Vendôme, Tours et Dijon, mais il facilite davantage les voyages d'affaires, voire les migrations quotidiennes, que l'implantation d'usines ou de bureaux. Comme certaines des industries installées dans les années 1960 étaient des fabrications de main-d'œuvre, elles sont sensibles à la concurrence des nouveaux pays industrialisés.

La proximité de Paris se manifeste aujourd'hui par l'élargissement de la zone de suburbanisation ou de rurbanisation. Son rayon est de l'ordre de 100 km là où le milieu est peu attractif, mais atteint 150 ou 200 km dans les secteurs où se multiplient les résidences secondaires, qu'anime le tourisme de week-end et que transforme l'installation de retraités ou de jeunes actifs qui tirent parti des possibilités nouvelles de télétravail.

La croissance de l'agglomération parisienne n'a jamais été aussi rapide que dans les années qui ont suivi la seconde guerre mondiale : son rôle administratif s'alourdissait avec l'extension des compétences de l'Etat. Les industries installées dans la capitale appartenaient à des secteurs particulièrement dynamiques. Le rythme de croissance faiblit dans les années 1970. On crut à un arrêt de la croissance aux alentours de 9 millions d'habitants : la natalité baissait, les métropolitains quittant l'agglomération étaient plus nombreux que ceux qui y arrivaient. L'excédent ne venait plus que des Français des DOM-TOM et de l'immigration étrangère. La politique de décentralisation, la crise qui frappait tous les secteurs industriels, et les débuts de la contre-urbanisation expliquent ce creux.

La poussée démographique a repris dans les années 1980 malgré la poursuite de la désindustrialisation, la politique de régionalisation et le rôle croissant de Bruxelles : 9 052 000 habitants pour l'agglomération, 10 650 000 pour la région Ile-de-France. Cette évolution a surpris : elle résulte de la métropolisation qui s'accentue partout aujourd'hui. Dans un espace dont l'organisation se fait à partir du haut, on ne peut freiner l'évolution des centres majeurs sans compromettre ce qui se situe en dessous.

L'agglomération parisienne doit à la politique d'aménagement lancée à partir de 1962 un niveau d'équipement que lui envient d'autres capitales. Les transports en commun, métro et RER, sont d'une efficacité universellement reconnue. Le réseau autoroutier, encore insuffisant, rend possibles les déplacements de banlieue à banlieue. Les villes nouvelles, dont le démarrage fut lent, à la fin des années 1960 et durant les années 1970, sont sorties des difficultés. La politique des grands travaux a doté l'agglomération d'un certain nombre d'équipements et de monuments qui rehaussent son prestige.

L'organisation de l'agglomération ne se conforme pas aux prévisions des années 1960. La ville est de plus en plus un centre de contacts. Ceux-ci dépendent moins que par le passé du train — malgré le TGV. Les autoroutes jouent un rôle mineur dans ce domaine. Au lieu d'être commandée par les cinq grandes gares installées à la limite du centre historique, la structure de l'agglomération l'est de plus en plus par ses deux aéroports, Orly et Roissy - Charles-de-Gaulle, et par les environnements plaisants. Les fonctions de direction animent un corridor continu de Bercy à la Défense et se dispersent dans les communes agréables de la banlieue ouest. La recherche a fait la fortune de ce que l'on appelle parfois la technopole sud, déployée en demi-cercle de Versailles à Orly. De nouveaux noyaux centraux surgissent à l'est, à Marne-la-Vallée et à proximité de Roissy. L'installation d'Euro-Disnyeland contribue à rééquilibrer l'agglomération à l'est.

L'évolution spontanée des grandes agglomérations risque, en provoquant leur étalement, d'y multiplier les déplacements dans des zones à densité trop faibles pour les transports en commun. Les services d'aménagement de l'agglomération essaient de parer à ce danger en favorisant la zone centrale dans un rayon de 15 à 20 km autour de Notre-Dame.

Les mesures tendant à la sauvegarde de l'environnement ont été efficaces — la pollution de la Seine et celle de l'atmosphère urbaine ont nettement régressé depuis le début des années 1980. Les problèmes les plus graves aujourd'hui sont sociaux et culturels. Comme toutes les métropoles du monde développé, Paris attire des immigrants venus de partout, et que la sécurité et le niveau de vie séduisent. Leur intégration est difficile car ils proviennent de pays dont la culture est très différente de la nôtre, et restent attachés à leurs identités.

CONCLUSION

La géographie de la France change. En moins d'un siècle, la consommation d'énergie et le rayon des déplacements quotidiens ont été multipliés par 10, l'horizon des communications est devenu mondial.

Les contraintes locales pesaient très lourd sur les cellules de la France traditionnelle. La civilisation moderne a triomphé de l'obstacle de la distance. La nouvelle logique des localisations s'éclaire à partir du niveau mondial.

Les gens s'installent aujourd'hui là où ils se plaisent, mais les distributions de population qui en résultent menacent les équilibres de la nature et l'harmonie des paysages. Les Français découvrent qu'ils doivent prendre en charge leur environnement.

Dans un monde où les contacts et juxtapositions de cultures se multiplient, des tensions apparaissent. Elles exigent la mise au point de nouvelles règles de cohabitation. Les problèmes d'aménagement et de gestion de l'espace se multiplient.

La mutation en cours s'effectue dans un climat de crise : celle-ci n'est pas seulement conjoncturelle ; elle résulte de la remise en cause d'équilibres longuement élaborés.

BIBLIOGRAPHIE

Atlas de l'aménagement du territoire, Paris, La Documentation française, 1988, 356 p.

Braudel Fernand, *L'identité de la France,* Paris, A. Colin, 3 vol., 1986.

Brémond J. et G., *L'économie française face aux défis mondiaux,* Paris, Hatier, 1985, 322 p.

Brunet Roger, Sallois Jacques (sous la dir. de), *France. Les dynamiques du territoire,* Montpellier, Datar-Reclus, 256 p.

Burguière André, Revel Jacques (sous la dir. de), *L'espace français,* Paris, Le Seuil, 1989, 672 p.

Drevet Jean-François, *Les régions françaises entre l'Europe et le déclin,* Paris, Souffles, 1988, 254 p.

INRA/SCEES, *Le grand atlas de la France rurale,* Paris, Jean-Pierre de Monza, 1989, 494 p.

Labasse Jean, *L'Europe des régions,* Paris, Flammarion, 1991, 432 p.

Pinchemel Philippe et Geneviève, *La France,* Paris, A. Colin, nouv. éd., 1986, 2 vol.

Pitte Jean-Robert, *L'histoire du paysage français,* Paris, Tallandier, 1983, 2 vol.

Planhol Xavier de, *Géographie historique de la France,* Paris, Fayard, 1987, 636 p.

Pumain Denise, Saint-Julien Thérèse, *Atlas des villes françaises,* Paris, Reclus-La Documentation Française, 1989, 176 p.

Pumain Denise, Saint-Julien Thérèse, *La France, géographie universelle*, vol. 2, Paris, Hachette-Reclus, 1990, p. 7-226.

Todd Emmanuel, *La Nouvelle France,* Paris, Le Seuil, 1988, 288 p.

Uhrich René, *La France inverse ? Les régions en mutation,* Paris, Economica, 390 p.

TABLE DES FIGURES

TABLE DES MATIÈRES

Imprimé en France
Imprimerie des Presses Universitaires de France
73, avenue Ronsard, 41100 Vendôme
Janvier 1995 — N° 41 157